U0348619

航天科工出版基金资助出版

斗转星移

二十四节气传统文化的魅力

任岩 主编

科学技术文献出版社
SCIENTIFIC AND TECHNICAL DOCUMENTATION PRESS
·北京·

图书在版编目（CIP）数据

斗转星移：二十四节气传统文化的魅力 / 任岩主编．-- 北京：科学技术文献出版社，2024. 9. -- ISBN 978-7-5235-1737-6

Ⅰ. P462-49

中国国家版本馆 CIP 数据核字第 2024ZC4312 号

斗转星移：二十四节气传统文化的魅力

策划编辑：王黛君　　责任编辑：吕海茹　　责任校对：张永霞　　责任出版：张志平

出　版　者　科学技术文献出版社
地　　　址　北京市复兴路15号　邮编 100038
编　务　部　（010）58882938，58882087（传真）
发　行　部　（010）58882905，58882870（传真）
邮　购　部　（010）58882873
官方网址　www.stdp.com.cn
发　行　者　科学技术文献出版社发行　全国各地新华书店经销
印　刷　者　北京地大彩印有限公司
版　　　次　2024年9月第1版　2024年9月第1次印刷
开　　　本　787×1092　1/16
字　　　数　433千
印　　　张　22.25
书　　　号　ISBN 978-7-5235-1737-6
定　　　价　198.00元

编委会

推荐序

为贯彻落实教育部《关于大力推进幼儿园与小学科学衔接的指导意见》（教基〔2021〕4号）精神和《“十四五”学前教育发展提升行动计划》（教基〔2021〕8号），依据《海淀区“十四五”时期教育改革和发展规划》中关于“加强内涵建设，促进学前教育高质量发展”的相关要求，促进我区学前教育内涵式发展，海淀区教科院成立了海淀区“十四五”规划群体课题“幼儿园全程式入学准备教育模式研究”。航天机关幼儿园作为子课题园之一参与到群体课题的研究之中，通过多次与幼儿园的交流，我深入地了解和读懂了这所与中国航天事业同岁的67年航天特色老园。该园在航天特色品牌建设和教育课题研究方面的成绩尤其令我印象深刻。任岩园长邀请我为幼儿园“十四五”时期的市级教育课题成果《斗转星移：二十四节气传统文化的魅力》一书作序，我倍感荣幸。

中华优秀传统文化是中国人的精神标志和文化“基因”，是中华文明绵延不绝、薪火相传积淀下来的精神内核。这种基本的文化价值观不仅应该成为每一个中国人的自觉意识，更应根植于幼儿的心灵之中，成为滋养幼儿身心健康发展的养分。二十四节气是中国优秀传统文化的重要组成部分，它是季节的流转，它告知我们气温的变化，它分享着物候的乐事，它蕴含着丰富的民俗文化和自然知识。航天机关幼儿园结合自身自然科学特色，将二十四节气融入到教育教学实践中，通过主题活动的系统化学习，能够进一步加深幼儿对二十四节气的了解和认识，也是对“传承中华优秀传统文化从娃娃抓起”的一种积极探索与尝试。

航天机关幼儿园的二十四节气主题活动的构建和实施立足于实践，充分尊重幼儿的兴趣和发展需要，基于节气但又不限于节气，将五大领域的培养内容有机融合并融入

幼儿的日常生活当中，引导他们在潜移默化中感悟与理解二十四节气之于自然、之于生活的重要作用，形成一种“用而不知”的自觉。

彰显价值，立足当下，面向未来。《斗转星移：二十四节气传统文化的魅力》让我看到了新时代学前教育对二十四节气这一中华优秀传统文化的继承、发扬与创新，也为学前教育工作者提供了很好的主题活动教育范本。令人感到欣慰的是，幼儿园不仅能把自己的研究成果提供出来，还能与业界分享，足以看出该园对“办好人民满意的教育”的责任与担当。

进入新时代，学前教育需要为培养“立大志、明大德、成大才、担大任”的时代新人奠定基础，我真诚希望航天机关幼儿园能够继续培养更多“保持好奇、勇于实践、敢于创新”的科学家潜质的孩子，厚植文化自信，引导他们从小就热爱生活、热爱自然，传承和弘扬好中华优秀传统文化！

是为序。

——北京市海淀区教育科学研究院 副院长 宋官雅

前言

二十四节气是中国古代劳动人民观察天文、气象与农业生产之间的关系而逐渐摸索、创造出来的一种历法，是中华优秀传统文化的一部分。在我国历史长河中，二十四节气不仅被广泛运用于农业生产指导，还影响着人们的起居、饮食、仪式和民俗等各个方面，是不可多得的瑰宝，被誉为“中国第五大发明”。但时移世易，随着经济和科技的高速发展，科技手段的介入给我们的生产生活带来了翻天覆地的变化，人们对二十四节气的关注逐渐淡化了，能完整说得出二十四节气名称的人越来越少，对有关二十四节气的民俗、谚语就更是知之甚少了。

2016 年 11 月 30 日，在联合国教科文组织保护非物质文化遗产政府间委员会第十届常会上，中国申报的“二十四节气——中国人通过观察太阳周年运动而形成的时间知识体系及其实践”被正式列入人类非物质文化遗产代表作名录。2022 年 2 月 4 日，北京冬季奥运会开幕式倒计时以二十四节气这种独属于中国的浪漫形式展现，在全世界面前亮相，体现着中国作为世界大国的文化自信。

学前教育是终身教育的开端，是学校教育的前奏，让幼儿在幼儿园时期便开始接受二十四节气的教育，对于传播中华传统文化、树立大国文化自信具有重要的意义。

我园作为航天特色园，在六十七年的长期探索和实践中，致力于培养幼儿“乐参与、爱生活、喜表达、善探究、会合作、敢创造”的品格，形成了“和谐、创新、乐教、包容”的园风。我们开展北京市教育学会课题《幼儿园生活化课程——与二十四节气有效融合的探索与实践》研究，就是要把传播中华优秀的传统文化嵌入到教学教研中，培养幼儿的探究精神和创造力。

在本书中，我园以维果斯基关于儿童心理发展与教育的主要观点、杜威儿童教育思想、瑞吉欧教育取向，以及陈鹤琴“活教育”理论、陶行知“生活教育”理论为指引，发挥自然科学的教育特色，选取了各年龄段春、夏、秋、冬的四个主题活动案例，从不同侧面反映幼儿在参与主题活动即时生成的兴趣，以及幼儿通过主题活动对二十四节气知识的掌握。主题活动力求体现趣味性、探究性和发展性，特别是体现生活化和特色化。主题活动由主题活动由来、主题墙、主题活动目标、主题网络图、主题区域环境创设、家园共育、主题活动过程和主题活动反思等部分组成。各子活动融合了五大领域的教育目标，由活动名称、活动目标、活动准备、活动过程、活动反思及指导建议构成。以教育活动、区域活动、小组活动、户外活动和亲子活动等多种形式呈现。

在课题研究过程中，师幼均受益良多。孩子们不仅了解二十四节气相关知识，感受寒来暑往，知晓秋收冬藏，更重要的是，他们通过语言、科学、音乐、美术、食育、编织等丰富多彩的活动培养了打开中华传统文化宝盒的乐趣。教师们设计的咬一口“春”、采茶扑蝶、斗蛋大赛、“明星”菊花茶、设计未来冬奥奖牌等寓“趣”于学的活动，丰富了教学思想，提升了教学专业能力和课题研究能力。

《斗转星移：二十四节气传统文化的魅力》既是我园“十四五”时期历时三年开展北京市教育学会课题《幼儿园生活化课程——与二十四节气有效融合的探索与实践》的重要成果，也是我园构建探究式的科学教育园本课程体系的新起点。真诚地希望此书能为幼儿园开展二十四节气传统文化教育提供有益的参考借鉴。

是为前言。

航天机关幼儿园 园长 任岩

2024 年 6 月

目录

斗转星移

春 【在春天里】

一 北京冬奥会之春日计划 /10
二 春到人间草木知【立春】 /14
三 咬一口“春” /18
四 春天在哪里 /21
五 春日调查物语 /24
六 温度计的原理 /27
七 春来雨露深【雨水】 /31
八 初初雨影伞先知 /35
九 “连翘”绽开“迎春”来 /39
十 一支“樱”“桃”压“海棠” /42
十一 花朵知多少 /44
十二 春雷阵阵万物生【惊蛰】 /48
十三 春雷 /52
十四 春分立蛋自然成【春分】 /56
十五 对影成“鸢” /60
十六 放飞一只“鸢” /63
十七 留住春味道【清明】 /67
十八 何处杏花村 /71
十九 立春和谷雨 /75
廿 采茶扑蝶【谷雨】 /79
廿一 谷雨三朝看牡丹 /83
廿二 春种一粒种 /86

夏 【夏日乐悠悠】

一 夏天的开幕仪式 / 100

二 绿树阴浓夏日长【立夏】 / 103

三 立夏称人 / 107

四 斗蛋大赛 / 109

五 蛋壳粘贴画 / 112

六 五彩立夏饭 / 115

七 小满风光无限好【小满】 / 119

八 土培与水培小麦 / 123

九 芒种忙，麦上场【芒种】 / 127

十 创意纳凉扇 / 131

十一 浓情端午 / 134

十二 立竿无影【夏至】 / 138

十三 夏至面条长又长 / 142

十四 万物渐盛暑气蒸【小暑】 / 147

十五 夏天的雷雨 / 150

十六 夏天有过一只蝉 / 153

十七 一颗莲子的生命旅程 / 156

十八 映日荷花别样红【大暑】 / 160

十九 夏日品鉴会 / 164

秋 【秋日密语】

一 秋天节气我想知道【立秋】 / 179
二 寻找秋天 / 183
三 早秋曲江感怀【处暑】 / 186
四 认识节气温度统计表 / 190
五 温度测量 / 192
六 露从今夜白【白露】 / 197
七 秋日纪念册 / 201
八 有趣的叶脉 / 204
九 叶绿素的秘密 / 207
十 立秋和秋分的不同【秋分】 / 211
十一 “明星”菊花茶 / 214
十二 白露和寒露的不同【寒露】 / 218
十三 你南我北 / 221
十四 各种各样的柿子 / 224
十五 揽柿子 / 227
十六 “柿柿”如意 / 229
十七 霜的形成【霜降】 / 233
十八 一粒米的旅行 / 237
十九 水稻之父袁隆平 / 240
廿 米的种类和用途 / 244
廿一 光盘行动 / 247

冬 【冬哩个咚】

一 冬初临【立冬】 /261
二 树木大调查 /265
三 过冬方式知多少 /268
四 我给树木穿新衣 /272
五 腌菜【小雪】 /276
六 奇妙造雪之旅 /280
七 盐画雪花 /283
八 大雪腌肉【大雪】 /287
九 雪之辩辩乐 /290
十 冬至的昼夜魔法【冬至】 /294
十一 趣味消消乐 /298
十二 巧手熬制腊八粥 /301
十三 筹备我的新年联欢会 /304
十四 小寒不怕冷【小寒】 /309
十五 趣味冻冰花 /313
十六 给小桃树穿件新棉袄 /316
十七 温暖的围巾【大寒】 /320
十八 冬奥会我知道 /323
十九 解码冬奥会火炬 /327
廿 巧手制火炬，传递冬奥情 /330
廿一 设计未来冬奥会奖牌 /333
廿二 活力火炬接力赛 /336

在春天里

主题活动由来

2022 年 2 月 4 日是北京冬季奥林匹克运动会（简称冬奥会）开幕的时间，而这一天也恰逢立春节气。幼儿在观看过冬奥会开幕式后纷纷讨论：冬奥会开幕式是在立春节气，立春就是春天要来了吗？立春了会发生什么变化？雨水节气会下雨吗？清明的时候我们是不是要吃青团了呀？孩子们的讨论也吸引了教师。

春天万物复苏，幼儿对大自然的变化充满了好奇，由此我们开展了“在春天里”春季节气主题活动，利用玉渊潭公园等自然资源，引导幼儿感知并发现立春、雨水、惊蛰、春分、清明和谷雨节气的不同变化及文化习俗，引导幼儿在实践中发现问题、探究问题、寻找答案，在探索的过程中通过观察、体验，加深对节气文化的认识，进而传承和发扬优秀传统文化。

主题活动总目标

知道二十四节气中春季节气的名称，感受并探究立春、雨水、惊蛰、春分、清明、谷雨节气来临时，周围事物和环境的多样变化，体会春季节气的特征，感受万物复苏和动植物的生长现象。

了解立春、雨水等春季节气的气候、物候及相对应的民俗文化，并围绕节气开展记录春季节气气温的变化、惊蛰时户外观察昆虫、春分时立蛋、清明节气包青团等活动。

在立春时观察迎春花生长状态，惊蛰时观察昆虫和动物出现的时间等，并对动植物的变化进行记录，在对比观察中发现节气的特征。

在清明、谷雨等节气时通过种植活动引导幼儿照顾植物，用自己喜欢的方式对植物的生长变化进行记录，发展幼儿的自主学习能力。

通过春季节气的探究活动，感受中国优秀传统文化的魅力，为自己是一名中国人而感到骄傲。

主题墙

在
春
寻找
春天
万物迎
关于春天你想知道什么?
我的问题
我的猜想
春季赏花图鉴
立春
春天的足迹
立春三候
立春习俗
惊蛰
穿衣指数
雨水
雨水会下雨吗?
雨水三候
雨伞 DIY
雨水小实验
节气谚语
春分
节气谚语

天
里
春日趣事
种子的生长过程
放风筝
清明
谷雨
清明三候
节气谚语
清明习俗
谷雨三候
谷雨习俗

主题网络图

寻找春天

在春天里

主题活动·春

春之序曲

- 北京冬奥会之春日计划
- 春到人间草木知【立春】
- 咬一口“春”

- 春天在哪里
- 春日调查物语
- 温度计的原理

万物迎春

- 春来雨露深【雨水】
- 初初雨影伞先知
- “连翘”绽开“迎春”来
- 一支“樱”“桃”压“海棠”
- 花朵知多少
- 春雷阵阵万物生【惊蛰】
- 春雷
- 立春和谷雨

春日趣事

- 春分立蛋自然成【春分】

忙趁东风放纸鸢

- 对影成“鸢”
- 放飞一只“鸢”
- 留住春味道【清明】
- 何处杏花村
- 采茶扑蝶【谷雨】
- 谷雨三朝看牡丹
- 春种一粒种

主题区域环境创设

语言区

投放有关春季节气的图书，如《立春》《雨水》《惊蛰》等，以及春天的诗歌、绘本等，引导幼儿了解春季节气的习俗、物候，热爱春天。

在图书区开展春季节气播报活动，引导幼儿分享交流。

投放春季节气相关诗歌音频，引导幼儿了解诗歌形式，体会诗歌意义，尝试进行续编和创编。

科学区

提供量杯、滴管、色素等材料，开展植物吸水小实验，引导幼儿观察毛细现象。

投放纸絮、胶水、干花等材料，引导幼儿学习简单的造纸术，能够利用花瓣、叶子制作出不同图案的花草纸。

投放食盐、白糖、小苏打等材料，开展春分“立蛋”小实验。

植物角

提供种子、泥土、水壶等材料，幼儿搭建属于自己的植物角，学习如何照顾自己的植物。

提供量尺、记录单、放大镜等材料，引导幼儿学会观察自己的植物，能够根据植物的变化进行记录，发现植物的生长变化。

表演区

创设表演环境，提供音乐、扇子、表演服等道具，引导幼儿伴随音乐跳舞、歌唱，进行舞蹈创编。

根据春天的绘本进行表演，幼儿自己动手制作相关道具，自由选择角色。

美工区

投放超轻黏土、卡纸、彩纸、剪刀、胶棒等材料及相应工具，引导幼儿制作春天常见的动植物，如春树装饰画、谷雨牡丹等手工作品，并在区域中展示。

提供风筝骨架、风筝面，引导幼儿用对称的方式进行风筝制作，并对风筝进行装饰。

家园共育

家长在日常生活中引导幼儿到户外观察春季节气来临时动植物的变化，如迎春花、连翘、樱花、桃花等常见花朵的不同。

亲子共同阅读有关春季节气的图书，引导幼儿了解春季节气的由来及习俗。

家长协助幼儿收集春季节气的播报，并带到幼儿园向同伴讲述。

家长在家中与幼儿共同制作或品尝春季节气的美食，如立春时的春卷、春饼，清明节气的青团，谷雨节气的谷雨茶等。

北京冬奥会之春日计划

语言活动

活动目标

观看 2022 年北京冬奥会开幕式，了解春季节气的更替顺序。

讨论制作探索春季节气计划表，并且按照计划开展活动。

乐于参与春季节气的讨论活动，能大胆地表达自己的想法。

活动准备

经验准备：学习过《二十四节气歌》，对春季节气的传统习俗有一定的了解。

物质准备：2022 年北京冬奥会开幕式中二十四节气视频、春季节气活动计划表、春季节气习俗内容手册、幼儿记录单、记录笔、台历。

活动过程

〔开始部分〕

1. 回顾冬奥会开幕式。

【师】小朋友们，你们看冬奥会的开幕式了吗？冬奥会开幕式在哪一天举行的？你们印象最深的是什么？

2. 观看开幕式中二十四节气视频。

【师】冬奥会开幕式倒计时以二十四节气的形式呈现，说明二十四节气是中华传统文化的重要内容之一。

〔中间部分〕

1. 幼儿回顾春季节气和习俗。

【师】你们知道春天有哪些节气吗?

【幼 1】春雨惊春清谷天，一共有六个节气。

【幼 2】立春、雨水、惊蛰、春分、清明和谷雨。

【师】在每个节气来临的时候，你们都想做些什么呢?

【幼 1】我想在立春的时候吃春卷。

【幼 2】我想在雨水的时候做一把小雨伞，正好可以用来遮雨。

【幼 3】我想在清明的时候做青团。

2. 幼儿思考自己想体验的节气活动。

【师】每个小朋友都有自己想要体验的节气活动内容，我们如何记住呢?

3. 教师与幼儿共同制作春季节气活动计划表。

（1）引导幼儿按照美食、游戏等分类对春季节气活动进行讨论。

（2）幼儿根据台历，找到不同节气的日期并记录下来。

（3）幼儿对照自己收集的春季节气习俗内容手册，将自己想要在节气来临时做的事情画下来，教师巡回指导。

（4）教师出示春季节气活动计划表，与幼儿共同梳理。

4. 幼儿分享自己的活动计划，并根据活动计划进行分组。

5. 教师与幼儿共同梳理汇总活动计划，完成活动计划表。

〔结束部分〕

教师总结活动计划表，提示幼儿按计划开展节气活动。

活动反思

本次活动以冬奥会开幕式为切入点，与幼儿共同回顾冬奥会开幕式中的二十四节气倒计时表演，引出春季节气的话题，引导幼儿思考与讨论。在活动前，班级幼儿对春季节气的民俗文化有一定的了解并自制了春季节气内容手册，在班级中有过制订活动计划的经验。本次活动重点是引导幼儿说出自己想要在春季节气活动中最想要体验的内容，并根据美食、游戏等内容进行分组记录与汇总。在预设活动实施过程中给予幼儿制订活动计划的机会，以幼儿的想法有计划地开展接下来的活动，同时能够让幼儿切实参与到活动中，提高了幼儿的积极性，从而促进幼儿自主学习能力。

▲ 主题墙一角

指导建议

2022 年 2 月 4 日，举世瞩目的北京冬奥会胜利开幕，开幕式上具有中国文化特点的二十四节气倒计时表演惊艳了全世界人民，让全世界看到了中国悠久灿烂文化的一角。教师能够敏锐地意识到其中蕴含的教育价值，并充分挖掘教育契机，结合《3–6 岁儿童学习与发展指南》语言领域“幼儿期是语言发展，特别是口语发展的重要时期，幼儿语言的发展贯穿于各个领域，也对其他领域的学习与发展有着重要的影响”“应为幼儿创设自由、宽松的语言交往环境，让幼儿想说、敢说、喜欢说并能得到积极回应”等内容，为孩子们创设了感兴趣的讨论话题、自由宽松的语言环境，同时在主题活动开始前能够充分尊重幼儿的想法，引导幼儿自主设计主题活动开展的内容，以儿童视角为主，让幼儿成为活动的主人。

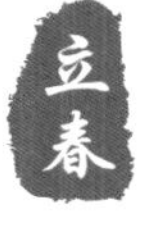

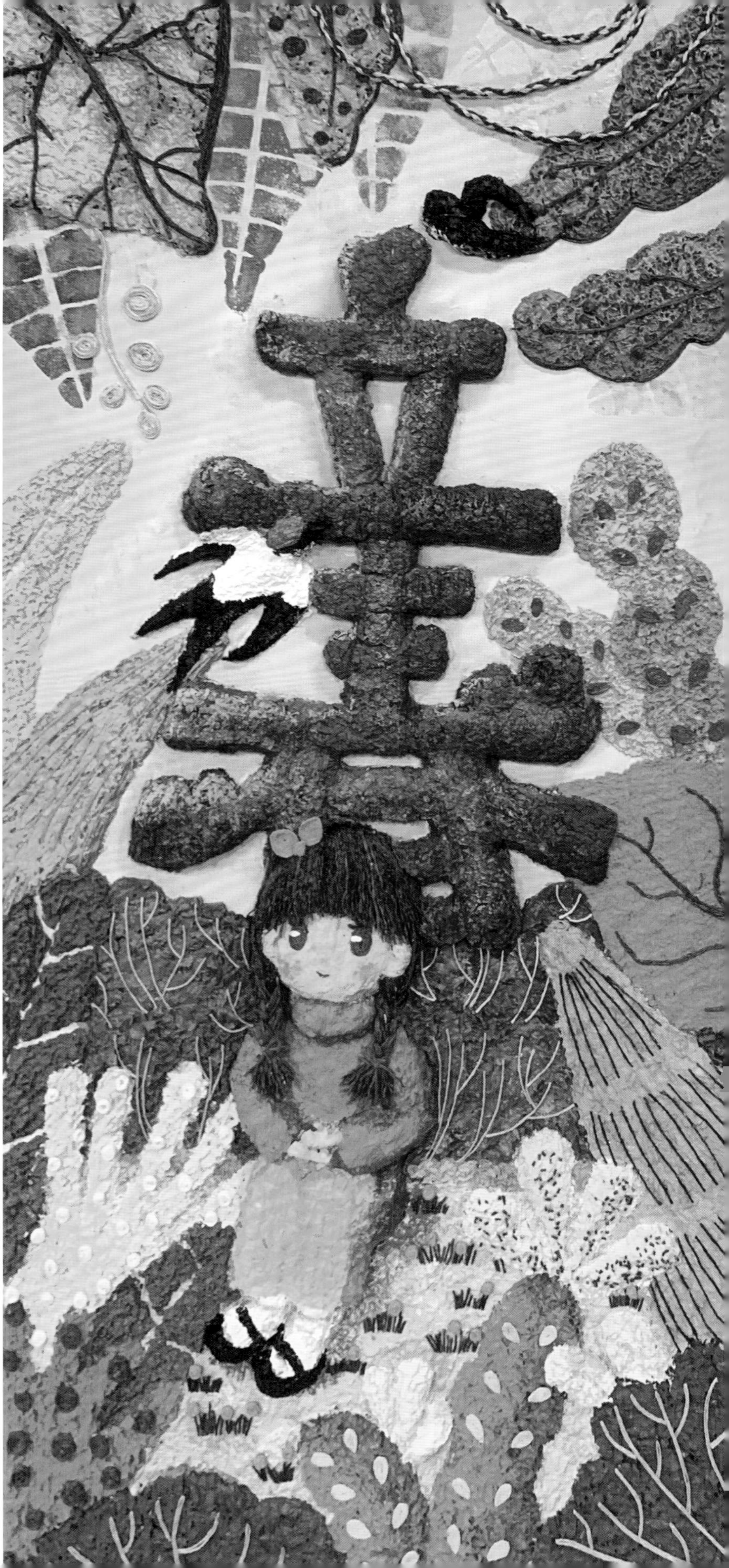

立春

节气含义：二十四节气之首。立，是『开始』之意；春，代表温暖、生长。

物候现象：东风解冻，蛰虫始振，鱼陟负冰。

春到人间草木知 社会活动

【立春】

活动目标

体验立春习俗，加深对立春节气习俗及物候特征的了解。

愿意参加立春习俗体验活动，感受习俗活动的快乐。

活动准备

物质准备：有关立春习俗、物候的视频，关于立春节气的绘本，白纸，铅笔，彩笔。

活动过程

〔开始部分〕

谈话导入，让幼儿了解立春的时间和含义。

【师】小朋友们知道什么是立春吗？

※ 小结 ※　立春的“立”是开始的意思，“春”代表着春天，“立春”就代表着春天的到来，它是二十四节气之首，也是春天的第一个节气。

1. 了解立春的传统习俗。

【师】立春都有什么传统习俗呢？

【幼 1】我们家会吃春饼。

【幼 2】我妈妈还会炸春卷。

【幼 3】吃春卷时还会准备好多蔬菜。

【师】我们一起来看一看，立春还有什么其他习俗（播放相应的传统习俗视频）。

※ 小结 ※　通过观看视频我们知道了立春节气有报春、咬春、鞭春牛等习俗。

2. 了解立春的物候现象（播放相应的物候视频）。

※ 小结 ※　我们知道了立春有“一候东风解冻，二候蛰虫始振，三候鱼陟负冰”的物候特点，说的就是东风送暖，大地开始解冻，虫类慢慢在洞中苏醒，河里的冰开始融化，鱼向水面游动。

3. 分组体验立春习俗。

►「报春」组

►「咬春」组

►「鞭春牛」组

〔结束部分〕

※ 交流小结 ※　将今天体验的立春习俗与同伴或家长进行分享。找一找立春还有没有其他的习俗。

活动反思

活动以谈话引出立春，在活动中观看视频了解立春传统习俗和物候特点，并以小组形式引导幼儿自主选择想要体验的立春习俗活动内容，幼儿纷纷选择了自己喜欢的报春、咬春、鞭春牛等习俗进行体验，加深了幼儿对立春传统习俗的了解，激发幼儿参与活动的兴趣，知道立春寓意着新的一年开始，万物变得更加美好。

▲ 主题墙一角

指导建议

《3–6 岁儿童学习与发展指南》指出，家庭、幼儿园和社会应共同努力，让幼儿在良好的社会环境及文化的熏陶中学会遵守规则，形成基本的认同感和归属感。从内容安排上能看出该活动紧紧跟随着第一个教育活动——北京冬奥会之春日计划的内容。在执行计划的过程中，幼儿了解了立春习俗和物候现象，体验了报春、咬春、鞭春牛的习俗，提高了孩子们的交往能力、动手能力，内容丰富的民俗活动让孩子们兴致盎然。在活动中，教师和幼儿都受到传统文化的熏陶，感受到中华文化的丰富多彩。在活动中，幼儿充分发挥了主体作用，教师尊重幼儿的兴趣愿望，引导幼儿在活动中传承了中华民族优秀传统文化。

三 咬一口“春”

活动目标

了解春卷的制作材料和制作过程，掌握包春卷的方法。

在制作春卷活动中，能够大胆表达自己的想法，体验自制节气美食的乐趣。

活动准备

经验准备：有折叠、卷的动作经验及和面的经验。

物质准备：围裙、厨师帽、春卷制作过程视频、春卷皮、多种材料馅料、勺子、一次性台布、托盘等。

活动过程

【开始部分】

按春季节气活动计划，引出体验制作春卷的话题。

【师】在制订春季节气活动计划的时候，有的小朋友选择了体验制作春卷活动（出示春卷），今天我们就来体验做香香脆脆的春卷吧。

1. 引导幼儿根据春卷制作步骤图进行讨论。

【师】小朋友们，春卷是怎么制作的？

【幼 1】首先拿一张春卷皮，先放上馅，卷起来。

【幼 2】对，喜欢吃什么馅就放什么馅。

【幼 3】可以放豆沙馅，也可以放蔬菜。

【幼 4】春卷包好之后要放油锅里面炸熟。

※ 小结 ※ 教师按照步骤图与幼儿共同梳理制作春卷的方法——制作春卷首先要选好要包的馅料，打开春卷皮，将馅料放在中间，把两边的皮向内折，用湿面粉捏合，最后将春卷放到油锅里炸熟。

2. 幼儿分组制作春卷。

【幼 1】你放的馅要刚好，不能太多也不能太少，我刚才放得有点多，都包不住了。

【幼 2】将春卷皮慢慢地往上卷起来，直到把皮卷完，最后用面粉糊把春卷的封口粘住。

【师】包春卷的时候馅儿不能放太多，太多的话就包不住了，而且卷的时候皮也要往上拉一点，拉得太少了，春卷皮就粘不住了。

3. 炸春卷。

【师】小朋友们，你们炸春卷时要注意什么？什么时候把春卷捞出来？

【幼 1】我觉得春卷要轻轻地放到锅里，不然油会溅出来。

【幼 2】我看到步骤图上，春卷皮变色以后就可以捞出来了。

4. 在教师的监护和指导下，幼儿尝试操作炸春卷。

〔结束部分〕

春卷炸熟之后请幼儿品尝自己的劳动成果。

活动反思

本次活动引导幼儿按照春季节气活动计划开展制作春卷体验活动，通过图示引导幼儿了解制作春卷的正确步骤及炸春卷时的注意事项，用真实的食材带领幼儿亲身经历、动手操作，幼儿在实际体验过程中，相互学习，边制作，边讨论，边总结制作春卷的好方法，使每位幼儿充分体验制作春卷成功的喜悦，丰富了生活经验。

指导建议

对于孩子们来说，文化传承是"润物细无声"的过程，在每一个节气都有相应的美食，这是中国人独有的一份乐趣和浪漫。立春时节包春卷，幼儿在美食和游戏中，不知不觉完成了对传统文化的学习和体验。《幼儿园工作规程》指出，幼儿园要以游戏为基本活动，寓教育于各项活动之中。包春卷这一生活活动引导幼儿在操作中了解了立春节气的习俗，增强了孩子们的实践能力，锻炼了孩子们小肌肉的协调性。在包春卷、炸春卷的过程中也体验到家长和厨师叔叔（阿姨）的辛苦，感受到劳动的乐趣，更在品尝春卷时体验到劳动的快乐。活动中幼儿始终保持参与热情，与教师、同伴积极互动，教师能够充分了解幼儿发展水平，把握幼儿年龄特点。活动开展节奏适宜，幼儿能够充分进行操作、体验，感受到参与节气活动的快乐。

四 春天在哪里 音乐活动

活动目标

能够根据歌曲的旋律、节奏创编舞蹈动作。

感受音乐活动带来的快乐，表达对春天的喜爱之情。

活动准备

经验准备：前期已经熟悉歌曲，有过唱歌表演经验。

物质准备：原声歌曲《春天在哪里》，钢琴。

活动过程

【开始部分】

1. 听音乐入场，回顾歌曲《春天在哪里》。

【师】小朋友还记得前两天我们学过的歌曲吗？讲了一件什么事呢？接下来大家一起唱一唱吧！

2. 演唱歌曲《春天在哪里》，感受婉转的旋律。

中间部分

1. 引导幼儿根据歌词创编动作。

【师】歌曲中哪些歌词让你们印象比较深刻呢？可以用什么肢体动作来表现呢？

【幼 1】一开始的“春天在哪里呀，春天在哪里”，可以做出寻找春天的动作。

【师】请你来试一试，请小朋友们一起做一做寻找春天的动作。

【幼 2】“红花”可以用手做出小花的动作。

【幼 3】在唱到“嘀哩哩哩哩嘀哩哩、嘀哩哩哩哩哩”的时候，可以左右摇晃身体。

【幼 4】到“小黄鹂”的时候可以做出小鸟飞的动作。

2. 教师邀请个别幼儿示范，大家一起模仿并进行自主创编。

3. 幼儿尝试听音乐表现歌曲。

【师】这一次我们听音乐一起试一试，可以选用刚才小朋友做过的动作，也可以自己创编动作进行表演。

4. 幼儿分组相互欣赏，进行点评。

结束部分

听音乐离场。

活动反思

《幼儿园教育指导纲要（试行）》指出，对幼儿艺术领域的培养目标为幼儿能用自己喜欢的方式进行艺术表现活动。活动前幼儿对《春天在哪里》比较熟悉，因此在活动中应尽量根据幼儿的想法，为幼儿提供表现自己的机会。本次活动的重点是引导幼儿根据歌曲内容创编动作，即引导幼儿欣赏歌曲并根据歌词内容用动作、表情表现出对歌曲情绪的体验，鼓励幼儿大胆创编并与同伴相互学习，为创编动作难点的突破做好充分的铺垫。引导幼儿用不同的表演方式体会音乐活动的乐趣，活动中幼儿表现大胆、认真，每个幼儿都能全身心投入到活动中，孩子们快乐的状态是对自己创编结果的肯定，也是一种自信的表现。

活动评价

指导建议

《3–6 岁儿童学习与发展指南》指出，幼儿艺术领域学习的关键在于引导幼儿学会用心灵去感受和发现美，用自己的方式去表现和创造美。教师选择了适合幼儿表现的歌曲《春天在哪里》，歌曲节奏欢快，歌词浅显易懂，内容丰富，非常适合幼儿唱跳表演。活动开展过程清晰，目标设定和教师引导适宜，孩子们在充分熟悉歌曲内容、旋律、节奏的基础上，能够积极主动，结合自身生活认知和经验参与创编动作，并且愿意在活动中展示，态度积极、自信大方，动作自然、活泼可爱，从孩子们的表现中能感受到他们对这首歌曲的喜爱，有利于师幼关系、幼幼关系的融洽。建议在此基础上，在班级环境中创设表演区增加情境创设，让孩子们的表演更有氛围感。

五 春日调查物语

活动目标

通过户外探索观察春天的不同变化。

幼儿能够将自己观察的春天“迹象”记录在记录单上。

启发幼儿喜欢观察大自然，乐于对周围环境进行探索。

活动准备

经验准备：有过在户外探索、观察的经验，会用放大镜和望远镜。

物质准备：放大镜、望远镜、记录单、记录笔。

活动过程

【开始部分】

谈话导入，引起幼儿兴趣。

【师】春天来了，小朋友有了很多新的发现，今天请小朋友们拿着自己的记录单，和老师一起去户外观察春天的变化并记录下来。

【中间部分】

1. 幼儿分组，在不同区域观察动植物。

将幼儿分为三组，分别在幼儿园、小区、公园观察动植物。

【师】小朋友们在观察的过程中，将你的发现记录在记录单上。

2. 通过放大镜、望远镜来观察春天里的动植物。

（1）春天里的植物：观察春天里的植物有什么样的变化（树木、草地、花朵）。

【幼 1】春天来了，我看到幼儿园里的树上长出了绿绿的叶子，它们有各种各样的形状。

【幼 2】我看到我家小区里的小草发芽啦，有两个小小的尖尖冒出来，像小精灵一样可爱。

【幼 3】我到公园玩的时候发现有一些美丽的小花，有的还没有开放，要再等几天。

（2）春天里的动物：观察春天里出现的动物，如小昆虫等。

【幼 1】现在天气还比较冷，小昆虫还没有出来呢！

【幼 2】没有关系，我们可以过一段时间再来看一看。

【幼 3】春天小动物们开始出来活动了，像小兔子和刺猬都会出来找食物。

【结束部分】

汇总幼儿的发现。

1. 三组幼儿将自己的发现进行汇总，并用自己的方式记录在总记录单上。

2. 各组幼儿将发现与大家分享。

活动反思

《幼儿园教育指导纲要（试行）》指出，环境是重要的教育资源，应通过环境的创设和利用，有效地促进幼儿的发展。幼儿在活动中分为三组，分别观察了幼儿园里、小区里、公园里春天的变化，通过绘画表征将自己的发现进行记录。幼儿在本次户外探索中并没有发现动植物较大的变化，提出"下一次再来观察"的想法，激发了幼儿自发地持续观察的愿望，这也是本次活动的意义所在。活动结束后教师进一步引导幼儿制订持续观察计划，记录自己生活环境中的变化，激发幼儿对周边事物的关注和兴趣。

指导建议

教育学家陈鹤琴说过，"教育不是填鸭式的灌输，而是引导学生去发现和探索"。伴随着春天脚步的临近，大自然在一点一点地发生着变化，教师尊重大班幼儿年龄特点和学习特点，引导幼儿在真实的观察和体验中发现不同地方动植物的变化，培养了幼儿主动观察、记录自己的发现和表达自己的观察结果的能力。教师在活动后引导幼儿对持续观察做进一步的计划，促进活动的连续性，充分发挥幼儿自主学习的积极性和主动性，为培养幼儿良好的学习习惯奠定了基础。

温度计的原理 科学活动

活动目标

认识不同的温度计并了解其用途。

通过动手操作实验，知道温度计热胀冷缩的原理。

活动准备

物质准备：不同类型的温度计、杯子、冷水、热水。

活动过程

〔开始部分〕

引出温度计的话题进行讨论。

【师】小朋友们收集了不同的温度计，它们的用途是什么呢？

【幼 1】这是测量室内温度的温度计。

【幼 2】我用过测体温的温度计。

【幼 3】我家的温度计和班里的不一样，它是圆的，上面有指针。

【幼 4】这个是数字温度计，它能测量温度还能测量湿度，会有数字显示。

※ 小结 ※　温度计是可以准确地判断和测量温度的工具，包括指针温度计和数字温度计。人们根据使用目的和需求，已设计制造出多种温度计。

【师】今天我们就来看看温度计的工作原理。

〔中间部分〕

1. 幼儿分组，小组合作操作，观察温度计在冷、热水中的变化。

【幼1】温度计在冷水中没有变化，但是在热水中温度计上面的红柱子就往上走了。

【幼2】温度计从热水回到冷水中，上面的红柱子会从高的位置又回到低的位置。

2. 梳理温度计工作的原理。

【师】小朋友们知道为什么温度计里的红色液体会上升、下降吗?

【幼1】温度变化了，温度计里的红色液体就会变化。

【幼2】温度上升，温度计里的红色液体就会往上升，温度下降，温度计里的液体也会往下降。

※ 小结 ※　温度计利用液体热胀冷缩的原理，来实现对温度的测量。

〔结束部分〕

布置任务：如何正确使用温度计?

【师】我们通过实验知道了温度计的工作原理。在生活中我们如何正确使用温度计呢? 请将你的经验与同伴进行分享。

〔活动延伸〕

幼儿尝试使用室内温度计，计划好测量时间，分别测量室内温度和室外温度并进行长期记录。

活动反思

为了让幼儿掌握温度计热胀冷缩的工作原理，教师为每位幼儿提供了材料，引导幼儿通过动手操作、观察、比较感知温度计在冷、热水中的变化，学习读温度计的方法并记录。活动后教师进一步引导幼儿尝试使用室内温度计有计划地测量室内外温度，为幼儿进行长期的温度观察、记录、统计提供了支持。幼儿在本次活动中能在小组实验中大胆讨论，将自己的发现记录并与同伴交流分享，培养了幼儿对科学实验的兴趣和严谨的科学态度。

指导建议

《3–6 岁儿童学习与发展指南》指出，幼儿科学学习的核心是激发探究兴趣，体验探究过程，发展初步的探究能力。教师充分尊重幼儿的年龄特点，了解幼儿思维发展水平，能够根据日后长期观察记录的任务而设计活动，目标设置适宜，材料准备充分，幼儿在活动中的表现积极专注，能够清晰表达自己的发现。建议在引导幼儿感知温度计热胀冷缩原理时进一步扩大幼儿知识面，展示生活中的热胀冷缩现象，如泡过冷水的煮鸡蛋更容易剥，踩扁的乒乓球被热水烫后会鼓起等，鼓励幼儿进一步发现人们利用热胀冷缩的原理解决了生活中的哪些问题。

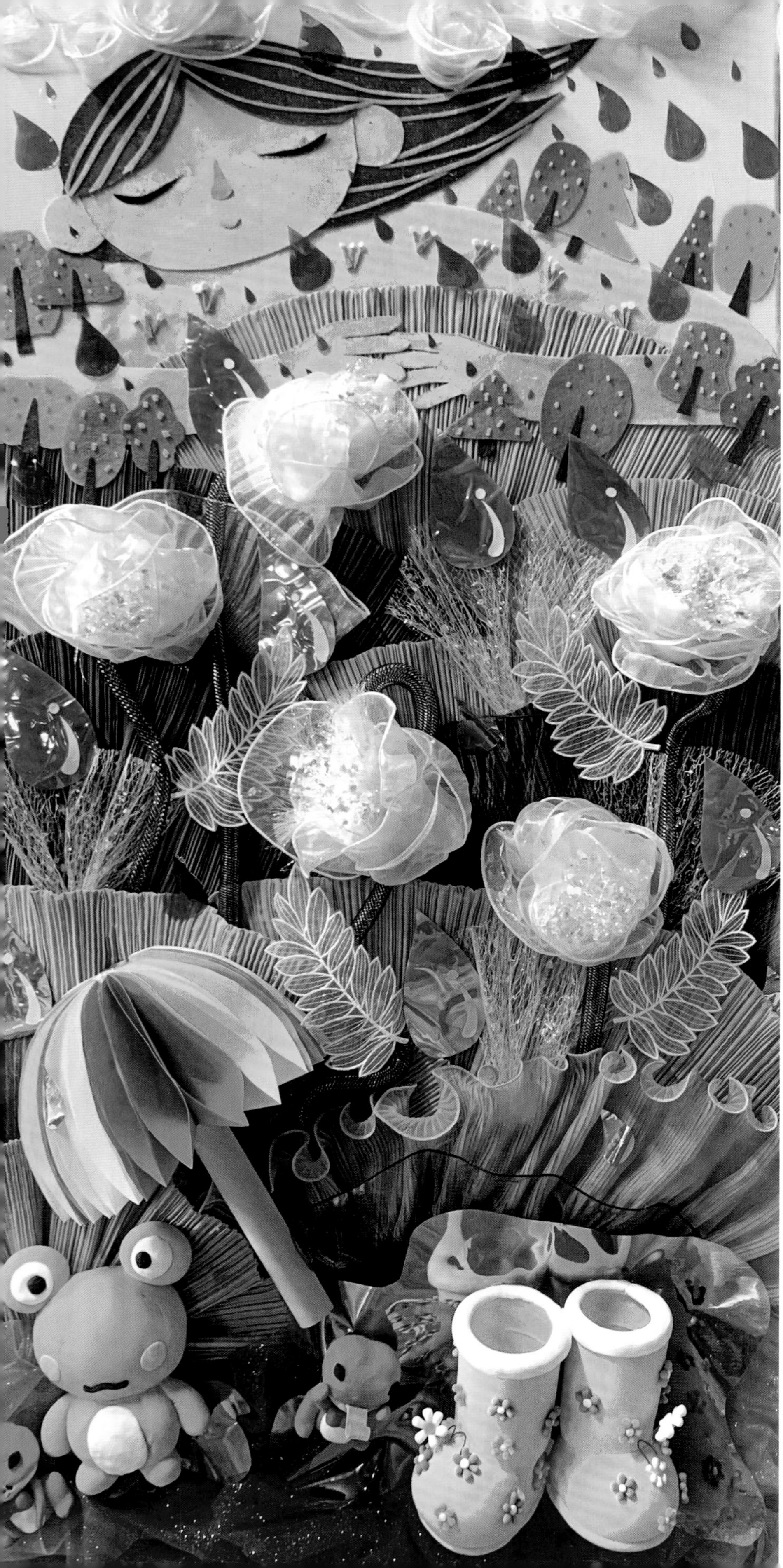

雨水

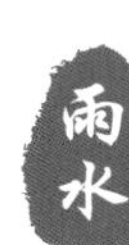

节气含义：降雨开始，降雨量较多，以小雨或毛毛细雨为主，适宜的降水对农作物的生长很重要，是农耕文化对于节令的反映。

物候现象：獭祭鱼，鸿雁来，草木萌动。

七 春来雨露深 科学活动

【雨水】

活动目标

知道雨水节气是降雨季的开始。

通过实验操作，感知雨的形成。

积极地与同伴交流自己的实验发现，喜欢参与实验探索。

活动准备

经验准备：有科学实验的经验。

物质准备：雨形成的循环图、记录表、记录笔、量杯、盘子、冰块、热水。

活动过程

〔开始部分〕

调动幼儿原有经验，与幼儿共同讨论雨水节气。

【师】你们知道春季的第二个节气是什么吗？这个节气都有什么特点呢？

※ 小结 ※　雨水节气的到来代表降雨开始，但降雨量多以小雨或毛毛细雨为主，这就是人们常说的“春雨贵如油”。

〔中间部分〕

1. 教师与幼儿共同讨论雨的形成。

【师】你们知道雨是怎么形成的吗？

【幼 1】雨是由小水滴形成的。

【幼 2】雨是从云中降落下来的。

2. 教师介绍实验材料，提出实验要求。

3. 幼儿分组进行雨水小实验。

（1）将热水倒入量杯中。

（2）将冰块放在盘子上，再把盘子放在盛有热水的量杯上。

（3）观察量杯中发生的现象并记录。

4. 幼儿分享记录的实验结果。

【师】小朋友们，你们观察到了什么现象？

【幼 1】量杯壁上有水珠，而且水珠还往下流。

【幼 2】盘子里的冰慢慢都化了。

【幼 3】盘子底有水珠往下滴。

【幼 4】量杯中像下雨一样。

〔结束部分〕

教师根据雨形成的循环图进行总结。

（1）雨是通过水循环的过程形成的。水循环就是地球上水分从地面蒸发，形成水蒸气上升到大气中，然后冷却凝结成云，最终降落到地面的过程。

（2）雨水节气之后，气温逐渐回升，适宜的降雨对农作物的生长很重要。

活动反思

降雨是春季节气中较为明显的气候特征，幼儿对降雨现象有很高的探索兴趣，想要了解雨是如何形成的。为了让幼儿充分感知雨形成的原理，在活动中教师提供了丰富的实验材料。幼儿通过动手操作小实验发现空气中的水蒸发，遇到冷空气凝结成“云”，积蓄多了以后就形成了降雨。实验材料是支持幼儿进行科学探究的重要条件，活动中幼儿一边操作一边讨论，并将自己的实验结果记录下来，体现了大班幼儿活动化共同学习的特点，为幼儿进行春季节气气候特征的长期记录做准备。

▲ 主题墙一角

指导建议

陶行知生活教育三大原理中“生活即教育”指出：生活决定了教育，教育不能脱离生活。降雨是生活中常见的自然现象，大班幼儿具有一定的认知经验，教师能够根据雨水节气的到来引导幼儿了解雨水节气的特征，激发幼儿对下雨这一自然现象形成原因的探究，通过使用操作材料，让幼儿在直接感知、亲身体验、实验操作的基础上理解雨形成的原理。本次活动为班级天气记录、统计雨水节气后降雨天气情况做准备，将知识转化为贴近幼儿生活的经验，从而让幼儿进一步理解雨水节气物候特征。

八 初初雨影伞先知 美术活动

活动目标

尝试用勾、搅的方法在水面上作画，并进行伞面水拓。

体验伞面拓印的神奇和图案美，乐意与同伴分享拓印的感受。

活动准备

物质准备：空白油纸伞、水拓画材料、托盘、水拓作品图片、制作好的水拓伞。

活动过程

〔开始部分〕

教师出示水拓作品图片与水拓伞，引起幼儿创作兴趣。

【师】你们知道这把伞的伞面图案是怎么画的吗？

〔中间部分〕

1. 教师介绍水拓伞创作材料。

【师】我们制作水拓伞需要用到空白油纸伞、水拓画液、水拓颜料、水拓画针、托盘。

2. 教师介绍水拓伞创作步骤。

（1）将水拓画液倒入托盘中。

（2）将水拓颜料摇匀后，滴入托盘的画液中，每次滴入一滴，等它晕开后再滴入下一滴，每次选择 3 ～ 5 种颜色即可，要注意颜色的搭配。

（3）用画针将画液中晕开的颜料勾、搅出自己喜欢的图案，可以向里或向外轻轻画。

（4）将空白油纸伞的伞面轻放入托盘中进行蘸染。

3. 幼儿自由创作。

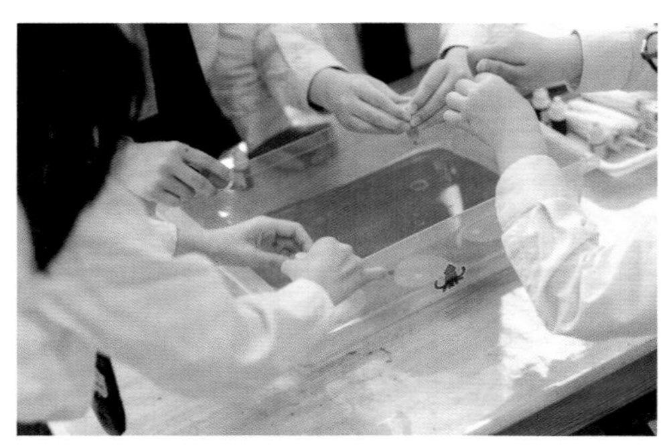

【结束部分】

1. 幼儿相互欣赏水拓伞。

【师】你最喜欢哪一把水拓伞？为什么？

2. 教师拓展幼儿作画思路。

【师】除了刚才用到的画针，还可以用什么工具作画呢？

【幼1】我觉得只要是细细的东西都可以。

【幼2】可以用牙签，牙签也很细。

【幼3】还可以用针或者筷子。

【幼4】我觉得用嘴吹，也能让颜料有变化。

※ 小结 ※ 肯定幼儿的想法，鼓励幼儿在区域活动中继续创作！

活动反思

在活动开展前，幼儿已经了解雨伞的最初形态和古代油纸伞的制作原理，并由此开展了伞面拓印的活动；水拓对于幼儿来说是一项新的绘制方式，幼儿在活动过程中对水拓材料产生了极大的兴趣，能够全身心地投入到创作活动中。但在创作过程中，有的幼儿的伞面未能完全浸入水拓颜料中，因此伞的边缘没有蘸取到颜料。通过交流分享水拓经验，幼儿学会了先搭配好颜色再进行勾、搅，最后把伞面轻铺在水面，通过左右倾斜让伞面充分吸收颜料花纹。活动增强了幼儿对艺术活动的兴趣。

▲ 主题墙一角

指导建议

雨水节气过后雨量开始增多，班级开展装饰雨伞活动应时应景。而且伞在我国传统文化中具有深刻的寓意，希望“伞”这种体现中国传统文化、传统元素的物品在孩子们的手中创造出更多的新意，让文化得以传承。教师开展的伞面拓印活动非常新颖别致，给予了幼儿想象和创造的机会，目标设定比较合理全面，材料新奇，激发了幼儿的参与热情，幼儿的作品也个性化十足。建议在目标设定或活动结束时，或者在丰富幼儿前期经验时增加了解中国文化中有关“伞”的寓意、内涵等知识，进一步做好中国伞文化传承。

“连翘”绽开“迎春”来 科学活动

活动目标

通过观察发现迎春与连翘的不同并记录。

喜欢参加户外探究活动，愿意将自己的发现与同伴分享。

活动准备

经验准备：有过户外探究活动与记录的经验。

物质准备：迎春和连翘大图、放大镜、幼儿记录单、彩笔、大记录纸、自然盒人手一个。

活动过程

【开始部分】

出示记录单，交代观察任务。

【师】请小朋友们拿好记录单，自由分为两组，对迎春和连翘进行观察。

幼儿记录单

花朵名称	花瓣（颜色）	花叶	花枝
迎春			
连翘			
小结			

1. 教师指导幼儿完成记录单。

【师】请小朋友们观察迎春、连翘的颜色，花瓣数量等外形特征并完成记录单。

2. 两组幼儿交替观察。

3. 两组幼儿共同分享观察记录结果。

【幼 1】迎春的花瓣是 5 瓣，是黄色的。

【幼 2】迎春的边缘是圆圆的。

【幼 3】连翘的花有 4 片花瓣，它们的花朝下开。

【幼 4】连翘开花的时候旁边有绿色的叶子。

※ 小结 ※　迎春和连翘的花瓣、花叶、花枝皆有不同，具体如下。

（1）迎春

花瓣：颜色为嫩黄色，边缘圆润，有 5 片及以上的花瓣，花蕊为黄色、土黄色。

花叶：叶片比较小。

花枝：绿色花枝。

（2）连翘

花瓣：颜色为金黄色，花瓣细长，呈十字对称状，花蕊为黄色，花朵朝下开放。

花叶：叶片较大，绿色，细长，先长叶后开花。

花枝：褐色花枝。

【结束部分】

【师】我们找到了迎春和连翘的不同，还有没有不一样的发现？

【幼】我发现迎春的花瓣边缘是圆圆的，没有锯齿，连翘的花瓣边缘是有锯齿的。

※ 小结 ※　迎春和连翘虽然长得很像，但是我们今天通过细致的对比观察，发现它们在花瓣颜色、数量，花叶大小，以及花枝上皆有不同。我们也要学会将这样的方法运用到今后的观察中。

活动反思

春天常见的“迎春”和“连翘”这两种撞脸的花长得特别相像，不细看确实容易混淆。幼儿在本次活动中分为两组，利用放大镜观察两种花，并对自己观察到的颜色和形状等外形特征进行记录，了解到迎春和连翘在花瓣、花叶和花枝等方面的区别，他们的好奇心已不再满足于了解事物的表面现象，而是通过对比观察、记录的方式获取答案。教师鼓励幼儿将学习到的观察方法运用到对其他事物的探究中，培养了幼儿严谨的科学态度。

指导建议

《幼儿园工作规程》指出，教育活动的过程应注重支持幼儿的主动探索、操作实践、合作交流和表达表现。在该活动中，教师充分贯彻落实《幼儿园工作规程》精神，尊重幼儿年龄特点，采取分组方式，给予幼儿充分的机会观察、探究、记录、表达，从而使幼儿能够明确区分迎春和连翘在外形上的不同。幼儿在真实自然的环境中进行科学探究活动，任务意识很强，获取了最生动、最直接的知识经验，活动各环节衔接自然，幼儿自由、自主，在快乐中获得发展，在发展中感受快乐。

 一支“樱”“桃”压“海棠” 科学活动

活动目标

观察樱花、桃花、海棠，发现其花瓣颜色、数量的不同。

能够持续观察、记录、对比、统计，发现樱花、桃花、海棠生长过程的不同变化。

活动准备

经验准备：有持续观察的经验。

物质准备：放大镜、幼儿个人记录本、小组记录表、统计对比表、记录笔、标本夹。

活动过程

【开始部分】

幼儿自主选择要观察的植物，分为樱花组、桃花组和海棠组。

【中间部分】

1. 制订计划，讨论每周观察时间及次数。

2. 明确观察内容，对花期、温度、天气、时间、生长变化进行记录。

【结束部分】

花期结束后进行统计对比，并完成统计对比表，进行总结。

活动反思

本次活动也采用了户外探索的方式，但在探索之前，幼儿先对要观察的 3 种花进行了解，通过播报的形式认识了樱花、桃花和海棠。教师再通过启发式提问、跟进追问等方式引导幼儿进行有深度的实物观察。在这个过程中，幼儿通过持续观察发现了 3 种花的花色、花瓣、花柄的不同，还发现了樱花的花瓣有细小的缺口，有的孩子发现樱花的嫩叶和花朵长在一起，而桃花的嫩叶和花朵不长在一起，在细致的实践观察中拓展了幼儿对 3 种花的认知。通过本次活动，幼儿能够根据自己的观察计划开展持续观察，这正是幼儿专注力、坚持性等良好学习品质的体现。

指导建议

仲春时节，草长莺飞。教师充分利用了毗邻的玉渊潭公园的资源，带领幼儿走出班级、走出幼儿园，在大自然中认识了真实的花朵，感受了春天的美丽和植物的多样性。该活动为持续性观察记录活动，教师选择了仲春时期玉渊潭公园典型树种（樱花、桃花、海棠），在充分观察、比较、记录的基础上认识樱花、桃花、海棠不同的外形特征、花叶生长顺序、花期等，对培养幼儿严谨细致的科学态度、求是实证的科学精神有重大意义。

 花朵知多少 科学活动

活动目标

初步了解花的基本结构，知道花是由花瓣、花蕊、花萼、花托、花柄几部分构成的。

在实践中，运用观察和比较的方法发现花朵的异同并进行记录。

能够在小组讨论中大胆表达自己的观察发现。

活动准备

经验准备：知道花朵的名称。

物质准备：放大镜、记录单、花朵结构整体图示。

活动过程

【开始部分】

活动导入，帮助幼儿回忆花朵名称。

教师以花朵接龙游戏导入活动——“我们一起逛公园。”“什么园？”“花园。”“花园里面有什么？”“樱花、桃花……”

1. 幼儿分组，寻找落花，组内根据花朵的不同特征进行记录。

2. 小组分享自己的发现。

【幼 1】今天我观察了花园里的小白花，它的花苞大大的，感觉很快就要开花了。

【幼 2】我看到花园里有很多粉色的花，它们的花瓣粉粉的，闻起来香香的。

【幼 3】有种花很漂亮，它的花瓣是红色的，像妈妈的口红一样。

3. 教师出示花朵结构整体图示，带领幼儿进行梳理总结。

花朵	花瓣（图）	花蕊（图）	花萼（图）	花托（图）	花柄（图）	我的发现
1						
2						
3						

【结束部分】

以花朵结构游戏结束活动。

“我们变成一朵花。”“什么花？”“桃花。”“桃花里面有什么？”“花瓣、花蕊、花萼、花托、花柄……”

活动反思

本次活动以游戏导入，激发幼儿对花朵的探究兴趣。在活动过程中，记录单支持幼儿进一步了解花朵的结构，当教师出示花朵结构整体图示的时候，幼儿能够将图示与记录单的内容一一匹配。活动以花朵结构游戏结束，巩固了幼儿对花朵结构的认知经验，巧妙的环节设计丰富了活动形式，使活动更加生动有趣。

指导建议

《3–6 岁儿童学习与发展指南》指出，幼儿的科学学习，是在探究具体事物和解决实际问题中，尝试发现事物间的异同和联系的过程。教师能够根据幼儿的前期经验，结合大班幼儿发展需求，制订符合班级幼儿年龄特点的教育活动目标；活动以游戏开始，又以游戏结束，前后呼应；各环节的设计都围绕“花朵”的主题展开，在梳理总结时幼儿能够将自己观察的结果参照记录表进行条理清晰地表达，进一步培养了幼儿的科学探究能力，为升入小学做好了充分的学习准备。

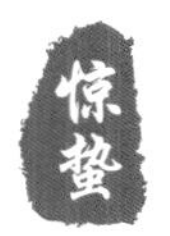

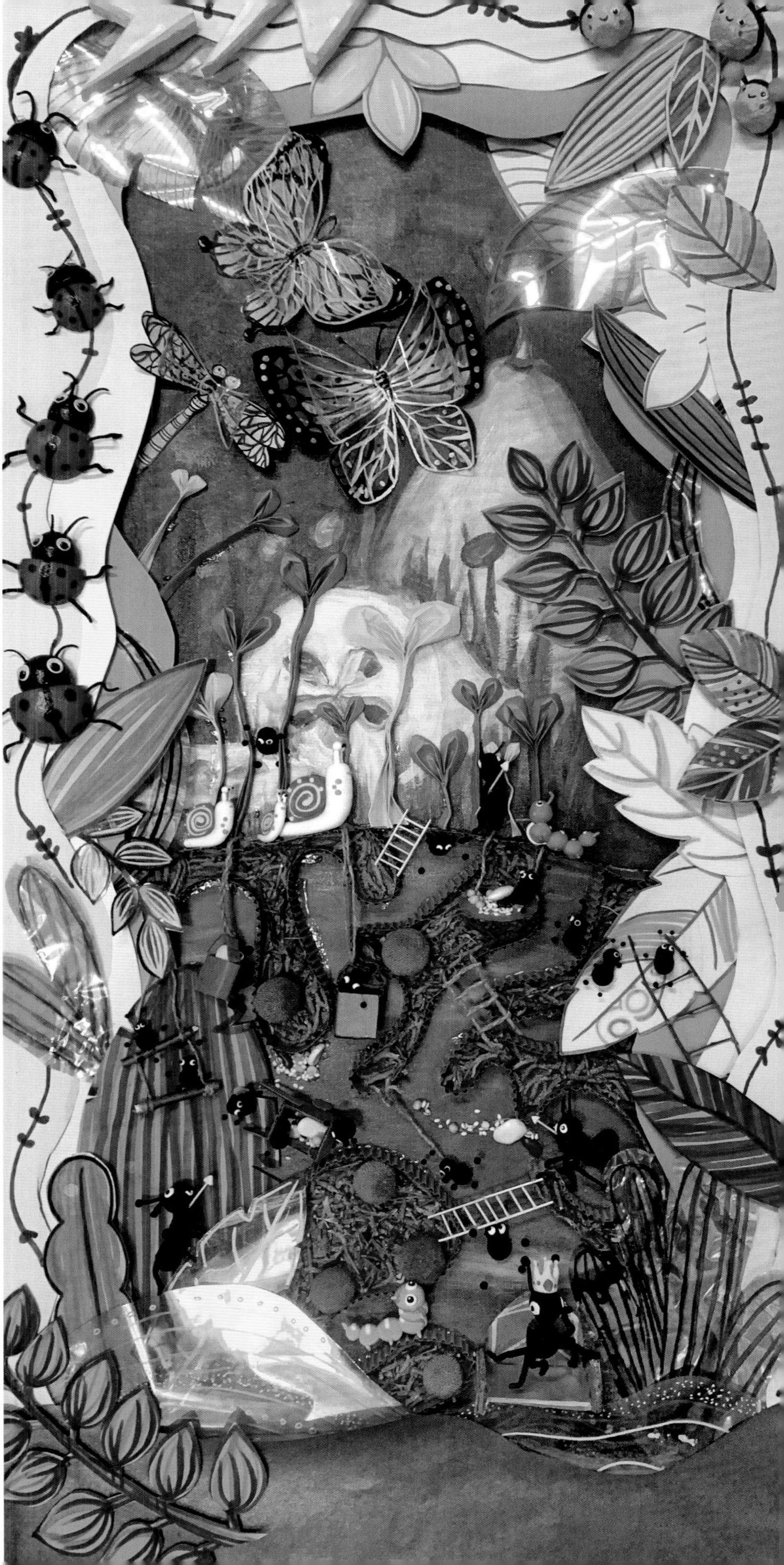

惊蛰

节气含义：『蛰』，指『藏伏』，昆虫入冬藏伏土中；『惊』指『惊醒』，天上的春雷惊醒蛰虫。

物候现象：桃始华，仓庚（黄鹂）鸣，鹰化为鸠。

春雷阵阵万物生

社会活动

【惊蛰】

活动目标

了解惊蛰的由来和习俗，知道惊蛰的节气特点。

体验惊蛰吃梨、喝梨汤的习俗。

活动准备

经验准备：已提前分组制订熬梨汤计划。

物质准备：《惊蛰》儿歌，惊蛰视频，养生壶，红枣、银耳、梨、枸杞、桂花等食材。

活动过程

〔开始部分〕

播放《惊蛰》儿歌。

【师】小朋友们刚才听到了什么？

〔中间部分〕

1. 教师根据儿歌内容进一步提问。

【师】小朋友们，你们知道惊蛰是哪一天吗？

【幼 1】今天就是惊蛰。

【幼 2】今天是 3 月 5 日。

※ 小结 ※　惊蛰是每年的 3 月 5 或 6 日。

2. 观看惊蛰视频。

【师】惊蛰之后天气和小动物都有哪些变化呢？

【幼 1】惊蛰后天气越来越暖和，会打雷，打雷会惊醒藏在洞里的小虫子。

【幼 2】惊蛰后牛就要开始耕地了。

【师】为什么大家很重视惊蛰节气呢？

【幼】因为惊蛰后农民伯伯就开始种地了。

【师】关于惊蛰“三候”，老师给你们分享一下：一候天气转暖，气温回升，桃花盛开；二候天气温和，能听见黄鹂鸟的叫声；三候老鹰飞走了，布谷鸟飞回来了。惊蛰是仲春的开始，古人称动物入冬，不吃不喝为“蛰”，惊蛰就是冬眠的动物被惊醒的意思。

3. 幼儿分组制作梨汤。

【师】小朋友们都已经做了制作梨汤的计划，今天我们一起体验惊蛰制作梨汤、喝梨汤的习俗。

【结束部分】

※ 小结 ※ 惊蛰的习俗还有哪些呢？你还想体验哪一个？

附《惊蛰》儿歌：

惊蛰

惊蛰到，万物生。众昆虫，要苏醒。
敲房梁，赶害虫。防细菌，讲卫生。
喝梨水，润肺经。防肝火，勤运动。

活动反思

在活动前，幼儿有对惊蛰习俗的经验准备，在开展活动时幼儿能够充分调动原有经验与同伴进行讨论。教师选择的儿歌概括了惊蛰的物候现象和习俗，朗朗上口，便于幼儿掌握。为支持幼儿获得丰富的节气习俗体验，活动鼓励幼儿根据习俗体验计划动手制作梨汤，由于幼儿已提前制订计划，所以孩子们分工明确，操作有序，整个活动流畅自然，平稳有序，师幼互动积极和谐。

▲ 主题墙一角

指导建议

“文化是一个国家、一个民族的灵魂。”教师作为文化的传播者，更要让幼儿从小学习中华优秀传统文化，树立文化自信。惊蛰节气凝聚着古人的智慧，是二十四节气中的一个重要节气，教师在引导幼儿了解惊蛰节气知识的基础上，进一步鼓励幼儿动手制作梨汤，感受惊蛰的节气习俗，会让幼儿印象深刻。建议教师可以将活动继续深入，加强家园共育，引导家长与幼儿共同参与，如开展惊蛰节气前后运动打卡等活动。

春雷

语言活动

活动目标

了解诗歌《春雷》中“惊”“吓”“吵”等动词，体会春雷的“顽皮”。

充分理解诗歌，知道诗歌中的拟人手法，感受诗歌形象生动的特点。

活动准备

物质准备：活动课件。

活动过程

〔开始部分〕

播放雷声音频并提问。

【师】小朋友们，你们听这是什么声音？你在什么时候听到过这个声音？

【幼1】是打雷的声音。

【幼2】我在下雨的时候听到过。

【师】平常我们都会在下雨的时候听到雷声，其实在我国南方，惊蛰前后就会打起春雷，预示着万物复苏，天气转暖。

欣赏诗歌，了解诗歌的内容。

【中间部分】

1. 欣赏诗歌第一遍，提问。

【师】你们在诗歌中都听到了什么？

2. 教师带领幼儿进一步分析诗歌内容。

3. 欣赏诗歌第二遍，提问。

【师】为什么诗歌中会说春雷是“顽皮的春雷”呢？

【幼 1】惊得小草从泥土里探出脑袋。

【幼 2】吓得小花红了脸。

【幼 3】吵得小动物睁开了眼。

4. 教师引导幼儿理解“惊”“吓”“吵”等动词的含义。

【师】请拓展“惊”“吓”“吵”这几个动词，使其变得活泼一些。

5. 再次欣赏诗歌，进一步用肢体动作表现诗歌形象生动的特点。

【结束部分】

【师】你最喜欢诗歌的哪一部分？为什么喜欢？

附诗歌《春雷》：

“轰隆隆——”
谁这么顽皮，
重重的敲门声，
惊得小草，
从泥里探出脑袋；
吓得小花，
顿时红了脸；
吵得睡梦中的小动物，
不情愿地睁开了双眼，
噢，原来是春雷在叩响春天的大门！

活动反思

在活动中，为了能够让幼儿更好地理解诗歌，完成活动目标，教师采用情景表演的方式，通过关键性提问，环环相扣、重点突出、环节清晰，幼儿具有很强的参与性。伴随着幼儿对诗歌浓厚兴趣的产生，教师引导幼儿在熟悉句子和词语的基础上请他们根据自己的理解边说边进行表演，提高了幼儿的语言表达能力、想象力和创造力，丰富了孩子们的词汇量。本活动的亮点是教师抓住了重点词语，设计核心问题，引导幼儿体会诗歌中拟人的表现形式，符合大班幼儿学习特点。

指导建议

《幼儿园教育指导纲要（试行）》指出，引导幼儿接触优秀的儿童文学作品，使之感受语言的丰富和优美，并通过多种活动帮助幼儿加深对作品的体验和理解。教师选择诗歌这种体裁，对重点词句进行分析，引导幼儿体会诗歌中所运用的拟人手法，并用动作表现的方式引导幼儿进一步理解诗歌内容。建议在语言区投放有关材料，幼儿可将诗歌内容进行表征，也可以让幼儿在大自然中继续观察、记录，看看惊蛰后都有哪些动植物发生变化，然后续编诗歌。

节气含义：季节平分——我国传统以立春到立夏之间为春季，而春分日正处于立春和立夏节气中间，正好平分了春季。昼夜平分——在春分这天，太阳直射赤道，昼夜等长，各为十二小时。

物候现象：玄鸟至，雷乃发声，始电。

春分立蛋自然成

科学活动

【春分】

活动目标

知道“春分立蛋”的习俗，体验立蛋游戏。

通过立蛋比赛，尝试用最少的盐将鸡蛋立起来。

喜欢参与立蛋游戏，并愿意与同伴分享游戏成功的经验。

活动准备

物质准备：新鲜鸡蛋、盐。

活动过程

〖开始部分〗

谈话导入，引出春分节气话题。

【师】你们知道春分都有什么习俗吗？

【幼】立鸡蛋。

【师】那我们一起来试试，看鸡蛋能不能立起来。

〖中间部分〗

1. 初步尝试不借助任何材料立蛋。

【幼 1】我发现鸡蛋怎么都立不起来，尝试了很多次也没有成功。

【幼 2】我发现鸡蛋的表面很光滑，容易躺在桌子上，不容易立起来。

2. 借助材料（盐），探索如何让鸡蛋立起来。

【师】今天老师为小朋友们准备了材料——盐，你们来试一试盐能不能让鸡蛋立起来。

3. 幼儿借助盐操作立蛋。

幼儿人手一份材料进行操作。

幼儿分享结果：盐能够让鸡蛋立起来。

4. 幼儿进行立蛋大比拼。

（1）小组内进行立蛋比赛，推选出用盐最少的幼儿参加总决赛。

（2）各小组立蛋冠军进行比赛。

【结束部分】

1. 挑战鸡蛋尖头朝下立蛋。

【师】刚才我们将鸡蛋圆头朝下进行了立蛋比拼，那么我们来挑战一下鸡蛋尖的一头朝下借助盐是否能立起来（经过操作，鸡蛋尖的一头朝下也可以立起来）。

2. 总结鸡蛋立起来的原理。

※ 小结 ※　鸡蛋能立起来不倒，是因为受力平衡，盐粒的作用是增大鸡蛋的受力面积，让鸡蛋的重心落在支撑面上，所以鸡蛋就立起来了。

活动反思

本次活动开展时间正好是春分节气到来的日子，春分一方面意味着季节平分（春分那天正好是立春到立夏中间的日子）；另一方面意味着昼夜平分。春分立蛋习俗流传已久，教师充分尊重大班幼儿活泼好动、好奇心强、好胜心强的年龄特点，向幼儿开展立蛋活动倡议，新奇有趣的活动激发了幼儿参与的兴趣，他们在活动中兴趣高涨，积极动手动脑，不断挑战新的难度，在活动结束后仍意犹未尽，充分感受到科学活动和节气习俗的乐趣，也体验到探究活动的乐趣。

指导建议

《幼儿园教育指导纲要（试行）》提出，教育活动内容的选择要贴近幼儿的生活。该活动契合春分节气民俗活动，与幼儿生活息息相关，新奇有趣。教师充分利用自然物（鸡蛋与食盐）和节气习俗（立蛋游戏），通过启发性和指导性提问，引导幼儿一步步观察、比较、操作，体验科学探究的过程，对春分立蛋的习俗有了更加深刻的印象。建议教师根据幼儿兴趣，改变支撑物（如淀粉、细沙材料等），继续开展立蛋活动。

十五 对影成“鸢”

活动目标

了解风筝的起源和用途。

尝试用对称的方法绘制风筝面，感受对称美。

活动准备

经验准备：有放风筝的经验。

物质准备：风筝起源视频、风筝图片、风筝面、油性笔、丙烯马克笔。

活动过程

〔开始部分〕

【师】小朋友们，你们刚才在户外体验了放风筝，我们一起来探寻一下风筝是怎么来的。

〔中间部分〕

1. 教师播放风筝起源视频。

2. 教师出示图片，梳理风筝演变过程。

※ 小结 ※　风筝距今已 2000 多年，墨子用木头制成木鸟，是人类最早的风筝；后来鲁班用竹子，改进墨子的风筝材质；到南北朝时，风筝开始成为传递信息的工具；到了宋代的时候，放风筝成为人们喜爱的户外活动。风筝是具有中国特色的民间艺术，后来传到了世界各地。

3. 教师出示风筝图片，幼儿欣赏对称图案的风筝。

4. 提供风筝布，幼儿用对称的方式绘制风筝面。

（1）学习对称画法。

（2）幼儿画上自己喜欢的对称图案。

【结束部分】

幼儿与同伴分享自己设计的风筝面的对称图案。

【幼 1】我在风筝上画上了我最喜欢的蝴蝶，它有一对大大的彩色翅膀，可以在天上飞。

【幼 2】我很喜欢小鱼，我风筝上画的小鱼有两颗大大的、圆圆的眼睛，特别漂亮。

活动反思

清明节，放纸鸢。清明将至，为了让幼儿对清明节气有更多的认识，了解中国底蕴深厚的传统文化，教师开展了绘制风筝的活动。活动中通过播放视频故事让幼儿了解风筝的起源，又通过欣赏各种对称的风筝图案丰富幼儿经验，让其感受对称美，在充分认知和理解后，幼儿进行了自主创作，敢于大胆尝试，掌握对称的绘画方式。活动结束时幼儿与同伴分享自己的创作过程和方法，幼儿感受美、创造美，在发展艺术表现力的同时也锻炼了表达能力。

指导建议

风筝作为中国传统文化中的重要元素，是幼儿接触中国传统文化、感受传统文化中的对称美的重要介质。本次活动中，幼儿在绘制风筝过程中能够充分理解"对称"的关键要素，作品充分体现"对称"特征。建议在区域活动中提供多种形状、材质的风筝面供幼儿绘制，在班级里也可以展示各式各样的风筝。

十六 放飞一只“鸢”

活动目标

了解风筝有各式各样的骨架，知道三角形风筝的骨架结构。

在小组中用竹篾材料制作三角形风筝骨架，设计放飞线的位置。

愿意与同伴分享风筝的放飞经验，体验放风筝的乐趣。

活动准备

经验准备：有十字绑扎的经验。

物质准备：三角形风筝、竹篾、三角形无纺布风筝面、剪刀、飘带、风筝线、皮筋、记录单等。

活动过程

〔开始部分〕

观察风筝骨架，了解三角形风筝骨架结构。

【师】我们欣赏了各种风筝骨架，现在看看三角形风筝骨架有什么特点。

〔中间部分〕

1. 学习三角形风筝骨架的扎法。

2. 教师布置任务，出示记录单。

【师】今天我们为三角形的风筝面制作一个骨架，在制作过程中我们要完成记录单。

3. 幼儿分组制作风筝骨架。

4. 幼儿分组讨论设计风筝线的位置。

（1）幼儿讨论风筝线的绑扎位置。

【师】小朋友们已经完成了三角形风筝骨架制作，你想把风筝线绑在什么位置上呢？

【幼1】我想绑在风筝的头上，这样我就能拽着它飘起来了。

【幼2】我觉得应该绑在风筝的尾巴上，把风筝拖着往前跑。

【幼3】不对不对，风筝线要绑在风筝中间，这样才可以高高地飞到天上。

（2）讨论后完成记录单。

绑扎位置的设计	几根线	是否成功

5. 教师与幼儿到户外进行放飞风筝实验。

【师】你们的风筝能不能飞起来？哪一种绑扎位置更适合放飞呢？

【结束部分】

1. 幼儿分享放飞经验。

2. 找出适合三角形风筝放飞的绑扎位置。

【幼 1】我们只要把一根线绑在风筝骨架中间就可以了。

【幼 2】一根线不牢固，风筝散了就不能飞到天上了。

【幼 3】那我们在每一根风筝骨架上都绑一根线固定会不会成功呢？

活动反思

风筝面绘制完成后，幼儿强烈希望将风筝进行放飞。本次活动中孩子们动手制作三角形风筝骨架，通过反复的操作、对比、分析、实践，最终找到失败的原因，获得成功放飞风筝的体验。幼儿还总结了制作三角形风筝骨架的方法和经验。整个活动培养了幼儿科学探究的兴趣，提升了幼儿动手操作的能力。

指导建议

教师在本次活动中跟随幼儿活动步伐，充分尊重幼儿兴趣需要，顺其自然开展了放风筝活动。活动中幼儿通过不断尝试，多次调整，力争将风筝放飞，表现出坚持不懈的良好学习品质。建议在区域投放打绳结、捆扎类材料，以及不同形状的风筝面，引导幼儿制作形状不同的风筝，进一步增强幼儿的动手能力。

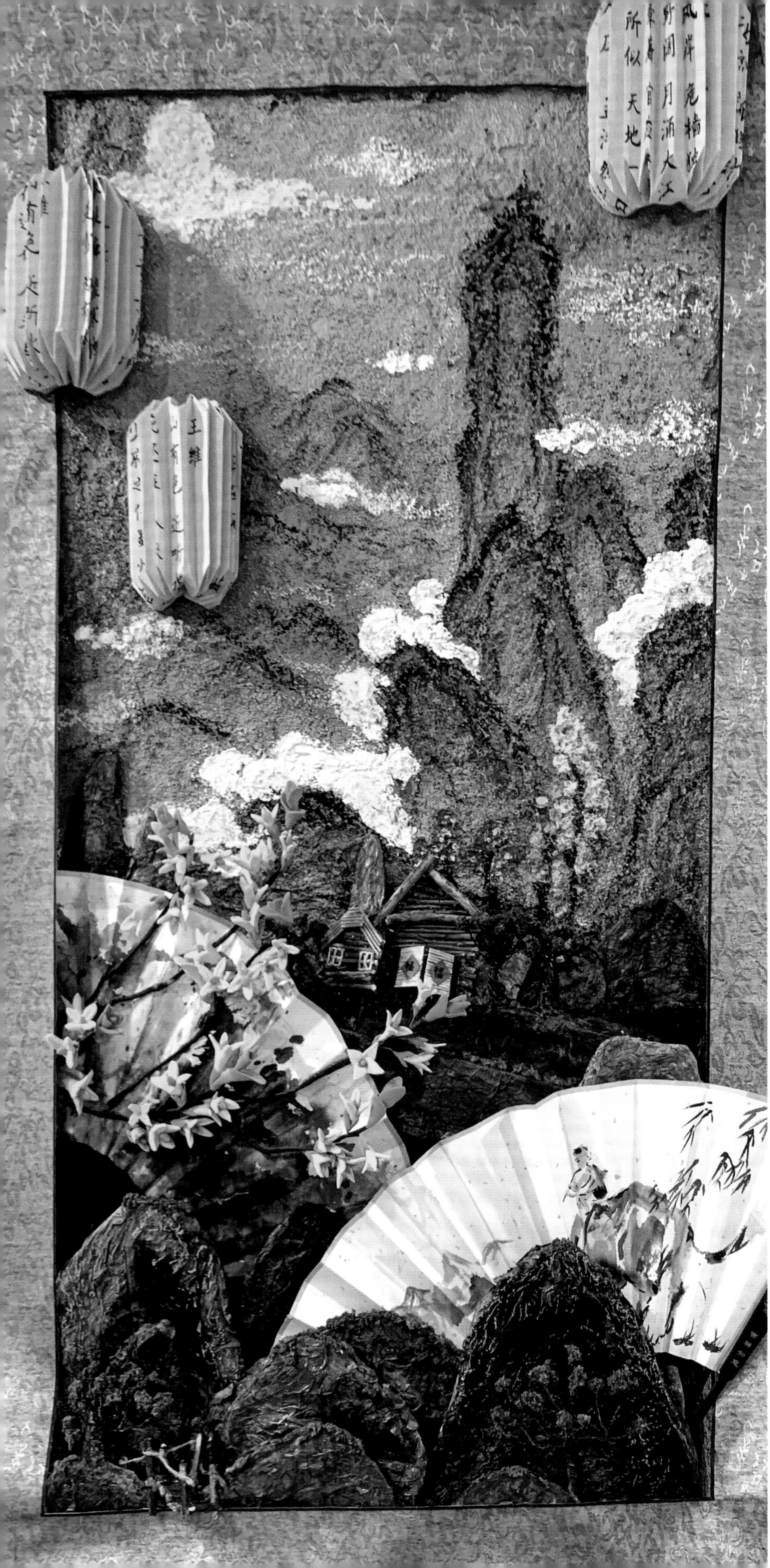

节气含义：清明是反映自然界物候变化的节气，这个时节阳光明媚、草木萌动、百花盛开，自然界呈现一派生机勃勃、气清景明之象。

物候现象：桐始华，田鼠化为鴽，虹始见。

留住春味道

食育活动

【清明】

活动目标

学习制作青团，感受青团柔软、清香的味道。

了解青团的制作材料和过程，尝试自己制作青团。

体验清明节吃青团的习俗，增加对清明节的认识和了解。

活动准备

经验准备：对清明节的由来有一定了解，了解清明节吃青团的习俗。

物质准备：青团制作步骤图、糯米粉、艾草、艾草汁、不同馅料，围裙，帽子等。

活动过程

〔开始部分〕

1. 让幼儿了解清明节的习俗。

※ 小结 ※ 清明节起源于寒食节，有踏青、扫墓、吃青团、荡秋千、插柳、放风筝等习俗。

2. 讨论清明节吃青团的原因和青团名称的由来。

【师】清明节为什么要吃青团呢？为什么叫“青”团？（教师出示艾草，引导幼儿观察）。

【幼 1】清明节是纪念先人的，要吃青团表达对他们的思念。

【幼 2】清明节是中国传统节日，吃青团是习俗。

【幼 3】因为青团是用青绿色的艾草做的。

【幼 4】用手捏一捏艾草的叶子会有绿色的汁水流出来。

※ 小结 ※ 清明前后正是食“艾”时节，这个季节的艾叶鲜嫩多汁，我国民间有“清明食艾，无灾无难”的说法。如果说有什么食物能够代表春天，那一定是青团。青团是江南地区的传统小吃，咬一口这碧绿的团子，就是春天的味道。今天我们就一起来制作青团。

1. 出示步骤图，幼儿看图探索制作青团的方法。

【师】我们今天就要来制作好吃的青团。我们来讨论一下如何制作青团。

（1）幼儿根据步骤图进行讲述。

（2）教师总结制作青团的步骤：① 拿糯米粉、艾草汁揉成绿色的糯米团；② 取一块面团擀成圆皮，将馅料包在其中；③ 将包好的生青团放入锅中蒸熟即可。

2. 幼儿戴好围裙，分组制作青团，教师巡回指导。

（1）幼儿根据自己的口味选择不同馅料，制作不同味道的青团。

（2）建议每桌请一位能干的小朋友当小组长，帮助同伴或提醒同伴注意一些操作上的问题。

3. 让幼儿品尝自己制作的青团，感受其柔软、清香的味道。

【结束部分】

幼儿将做好的青团与其他班级分享。

活动反思

清明时节，教师带领幼儿开展踏青春游、荡秋千、放风筝活动，幼儿了解了清明节气习俗和物候特征。本次活动教师将重点放在了制作青团上，清明前后正是食“艾”时节，青团又是江南一带最能代表春天的传统美食。活动中幼儿通过自己动手制作青团，进一步了解了清明节吃青团的传统习俗，并锻炼了动手能力。

指导建议

清明是二十四节气中的一个重要节气，同时也是中华传统节日，具有丰富且意义深远的内涵。教师用与幼儿一起制作青团的方式让幼儿了解清明节的来历，学习清明节习俗，丰富了幼儿的生活经验和对中国传统文化的直观感知。在江南地区，青团也叫“清明粿”，建议教师进一步拓展幼儿关于“清明粿”的知识经验，了解更多的制作方法，与家长共同体验，同时教师需提醒幼儿适量食用青团。

十八 何处杏花村 美术活动

活动目标

理解古诗《清明》中的“欲断魂”“借问”“遥指”等词语。

能运用适宜的色彩形象再现古诗伤感的意境。

活动准备

物质准备：镜心纸、宣纸、丙烯马克笔、毛笔、国画颜料。

活动过程

【开始部分】

教师与幼儿共同回顾古诗《清明》。

【师】小朋友们，你们还记得《清明》这首古诗吗？你们知道这首古诗讲的是一件什么事吗？

中间部分

1. 教师与幼儿共同梳理古诗《清明》中“欲断魂”“借问”“遥指”等重点词汇，加深对古诗的理解。

2. 教师与幼儿共同讨论绘画内容和表现方法。

【师】如果请你将古诗《清明》用绘画的方式再现出来，你会画什么？你认为用什么颜色来表现古诗中的事物更合适呢？

【幼1】古诗里面有诗人，有牧童，还有杏花村。

【幼2】我想要画毛毛细雨，因为清明节会下雨。

【幼3】我想要用灰色来画这幅画，因为我觉得灰色看起来很伤心。

【幼4】我想用粉色画杏花，用绿色画柳枝，它们都是春天的颜色。

3. 幼儿自选材料用绘画的方式对古诗《清明》进行创作。

结束部分

幼儿与同伴分享绘画内容。

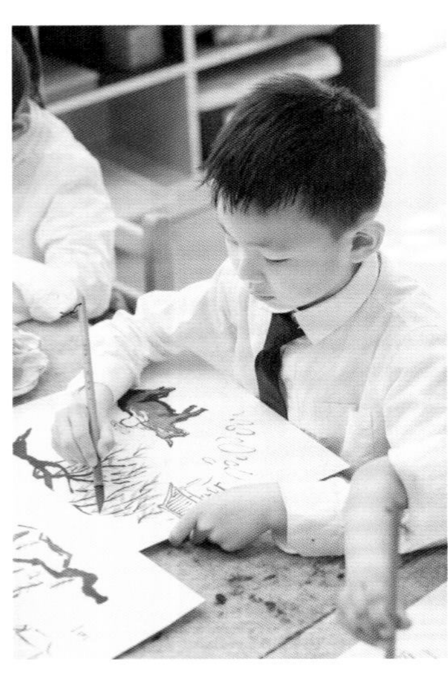

1. 亲子续编古诗。

附古诗《清明》：

清 明

[唐] 杜牧

清明时节雨纷纷，路上行人欲断魂。

借问酒家何处有，牧童遥指杏花村。

释义：清明这一天正在下着小雨，路上的行人心情忧伤。行人向牧童打听哪里有酒馆（想去喝喝酒暖暖身子），牧童远远指向杏花深处的一个村子。

幼儿 1： 清明（续编）

杏花点点柳依依，浪静波平腾锦鲤。

暖风拂面鸟轻啼，万紫千红蝶蜂戏。

幼儿 1 讲解：大概意思是春天来了，杏花开了，柳树也绿了；湖面上静悄悄的，一只鲤鱼跳出水面；暖风吹在人们脸上是多么舒服啊；小鸟也在叽叽喳喳地叫；蝴蝶和蜜蜂在五颜六色的花朵里追逐打闹。

幼儿 2： 清明（续编）

小酌美酒草青青，窗外原野春色回。

南来燕子耳边啼，远方游子把家还。

幼儿 2 讲解：大概意思是古人在酒馆里喝酒，抬头看看窗外发现草绿了，花开了。天气暖和了，燕子也飞回来了，远方的游子也回来了。

2. 引导幼儿将自己续编的《清明》古诗，用绘画的形式表现出来。

〔活动延伸〕

活动反思

围绕清明节气，我们开展了系列活动，《清明》是清明节气较有代表性的古诗。本次活动，教师引导幼儿在充分了解《清明》古诗内容的基础上，梳理古诗中的重点词汇，与幼儿交流讨论，明确画面表现内容，运用适宜的色彩进行绘画创作。幼儿在绘画过程中能够根据古诗中“雨纷纷”“行人”“牧童”“杏花村”等词汇进行景与物的再现。教师在幼儿创作过程中给予充分的肯定，激励幼儿对画面进行大胆创作。活动后幼儿仍意犹未尽，教师鼓励幼儿继续续编古诗并进行进一步的创作。

指导建议

《清明》是唐代诗人杜牧的一首非常有名的诗，描述的是清明节气的景象和氛围。清明节是中国传统的节日，对于幼儿来说，学习《清明》这首诗可以帮助他们了解中国的传统文化和节气，感受春天的气息和生命的变化。同时，教师通过运用绘画再现古诗的方式，不仅引导幼儿学习了古诗，还提高了其语言和文学素养，培养其对古诗意境的感受力。教师能够根据幼儿兴趣需求引导幼儿进一步延伸活动内容，进行古诗续编并对古诗进行绘画再现。建议教师引导幼儿进一步了解诗人杜牧的生平和古诗的创作背景，来拓宽他们的视野和知识面，同时鼓励幼儿继续搜集与春季节气有关的古诗。

十九 立春和谷雨 科学活动

活动目标

感受春季节气中气温回暖，谷雨后雨量增多的节气特征。

分组统计立春至谷雨节气的温度及降雨天数并进行比较。

活动准备

经验准备：有过做记录和统计的经验。

物质准备：温度记录表、天气记录表、统计表。

活动过程

〔开始部分〕

教师与幼儿共同回顾前期任务。

【师】我们每天都在进行天气和温度的记录，请你们看看记录表，上面都对哪些内容进行了记录呢？

【幼1】每天的温度。

【幼2】还对晴天、阴天、雨天进行了记录。

【师】今天我们一起来梳理立春到谷雨节气的温度和降雨天数。

〔中间部分〕

1. 幼儿自由分为气温组、晴天组、雨天组，根据记录表进行统计，完成统计表。

【师】请气温组小朋友找出每月最高温度和最低温度都出现在哪一天，都是多少度并记录下来。

【师】请晴天组 / 雨天组小朋友统计出每个月晴天 / 雨天的天数。

幼儿小组统计表（温度 / 天气）

时间	最高温度 /℃	最低温度 /℃	晴天 / 天数	雨天 / 天数	阴天 / 天数
2 月					
3 月					
4 月					
5 月					

2. 教师与幼儿共同梳理并汇总统计表，找出最低温度和最高温度出现在哪个节气，雨天是从哪个节气开始逐渐变多的。

※ 小结 ※　气温随节气变化逐渐升高，降雨天数逐渐增加。

3. 幼儿分享自己的统计方法。

【幼 1】我刚开始是直接数的，但是数乱了。后来我就边数边点点。

【幼 2】我在数晴天天数的时候是画圆圈，等到数阴天天数的时候就画三角形，这样就可以区分了。

【幼 3】我是用不同的颜色画的。

节气温度及天气统计表

节气	最高温度 /℃	最低温度 /℃	雨天 / 天数
立春 – 雨水			
雨水 – 惊蛰			
惊蛰 – 春分			
春分 – 清明			
清明 – 谷雨			
谷雨 – 立夏			

〔结束部分〕

将统计结果粘贴在班级天气预报栏里。

活动反思

根据开展主题活动时孩子们提出的问题，教师引导幼儿开展了立春至谷雨节气的温度及降雨天数的持续记录，并在谷雨节气这天进行汇总统计与比较。孩子们通过对记录结果的对比、统计，知道谷雨是春季的最后一个节气，谷雨时节雨水量普遍增多，随着春季节气的推进，温度逐渐升高等。幼儿通过持续观察学习，培养了专注、坚持等良好的学习品质。

指导建议

《幼儿园教育指导纲要（试行）》指出，5–6 岁幼儿在感知大量事物的基础上，逐渐能够整理、加工已有经验，初步理解事物之间的内在联系、发现一些浅显的规律。教师能够在幼儿经过长期记录，具有丰富前期经验的基础上，尊重幼儿年龄特点和兴趣需要，设置适宜的任务。小组合作的方式使每名幼儿都有机会参与其中，提高了幼儿的任务意识，锻炼了其统计、归纳的能力。

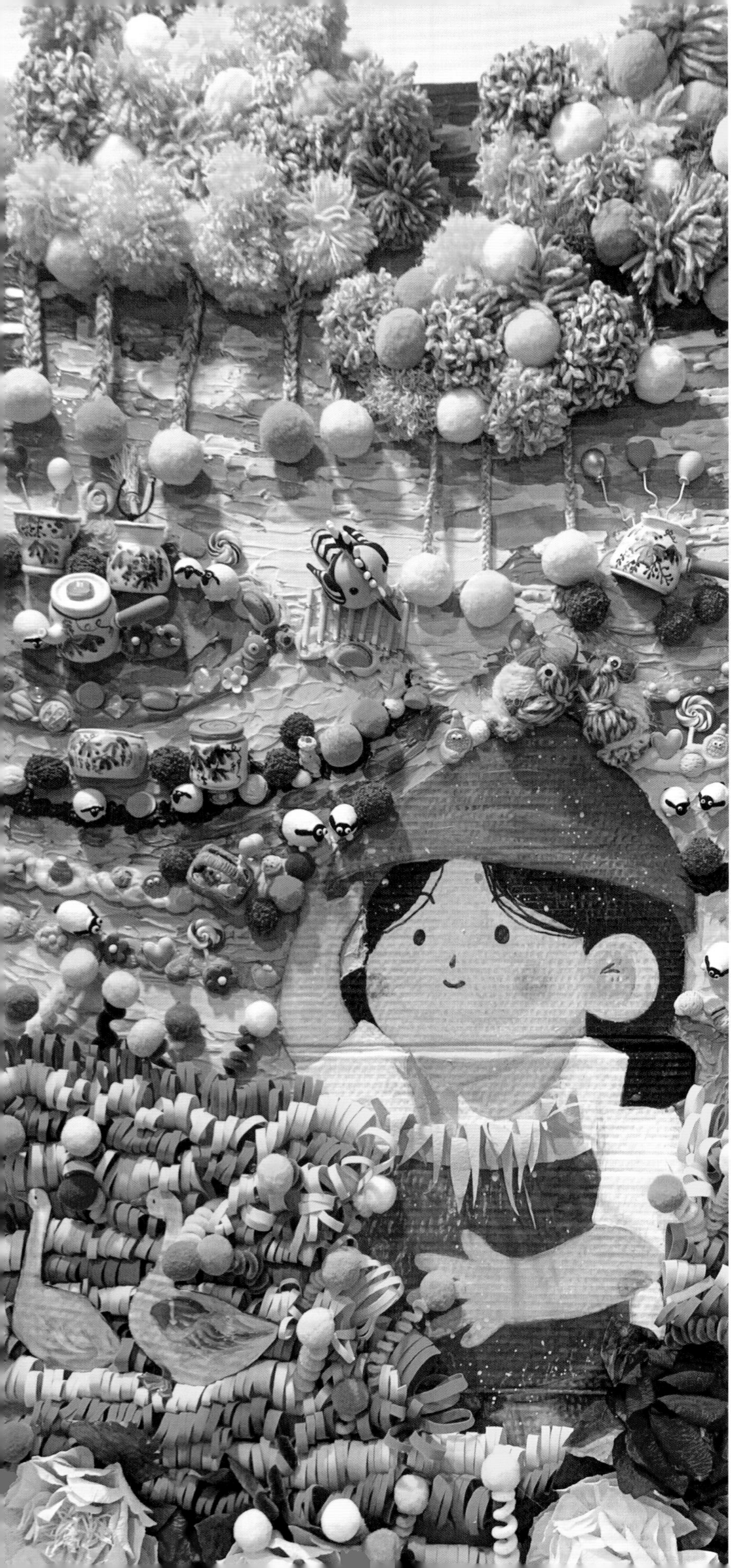

谷雨

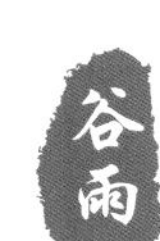

节气含义：谷雨取自『雨生百谷』之意，是春季的最后一个节气。

物候现象：萍始生，鸣鸠拂其羽，戴胜降于桑。

采茶扑蝶

音乐活动

【谷雨】

活动目标

知道谷雨有采茶、品谷雨茶等传统习俗。

能够在乐曲的鼓点处进行“停”和“扑”的动作表现。

感受《采茶扑蝶》的音乐旋律，体验音乐活动的乐趣。

活动准备

经验准备：幼儿知道南方有采茶习俗，欣赏过《采茶扑蝶》的乐曲。

物质准备：《采茶扑蝶》乐曲、道具（扇子）、茶园背景图。

活动过程

〔开始部分〕

1. 幼儿随音乐入场。

2. 教师与幼儿共同回顾谷雨节气习俗。

【师】你们知道谷雨都有哪些节气习俗吗?

【师】谷雨前后采的茶叫作谷雨茶。今天老师就给大家带来了一首“采茶”的音乐。我们一起来欣赏吧。

〔中间部分〕

1. 幼儿完整欣赏乐曲《采茶扑蝶》，说一说自己的感受。

【师】请你们听一听这首乐曲，听完之后你们有什么样的感受呢？你们觉得这首乐曲讲了一件什么事?

【幼 1】中间音乐是轻轻的、慢慢的，好像我真的在采摘茶叶一样。

【幼 2】我听到有一段音乐特别欢快，像在一个大大的茶园里奔跑。

【幼 3】音乐里感觉有好多乐器，叮叮当当的，好像在追着什么。

※ 小结 ※　这首乐曲讲的是小朋友们来到茶园采茶，茶园里飞来了蝴蝶，小朋友一边采茶一边和蝴蝶做游戏。

2. 分析乐曲，找出乐曲中的“停”和“扑”的鼓点。

【师】让我们再听一遍乐曲，一起找一找乐曲中“停”下来、“扑”蝴蝶的鼓点。请你们用拍手的方式来表示。

3. 尝试用多种方式练习“停”和“扑”的鼓点。

【师】请你们用喜欢的方式表示鼓点节奏。

4. 幼儿使用道具跟随音乐表演。

【师】现在我们就一起“到茶园里采茶吧！”

5. 幼儿对自己的表演进行评价总结。

【师】在表演的时候，用什么样的方式能更好地表现乐曲呢？

【幼1】可以用美丽的舞蹈动作表达。

【幼2】我觉得要微笑，一边微笑一边拍手。

【幼3】我想跟着音乐一起开心地舞蹈。

【结束部分】

1. 幼儿听音乐，放回道具。

2. 幼儿跟随音乐离场。

▲ 主题墙一角

活动反思

本次活动前幼儿了解了不同种类的春茶和谷雨节气的茶文化，在感受品茶、泡茶乐趣的同时，增强了幼儿对谷雨节气习俗的认识。幼儿通过学习采茶乐曲感知了乐曲欢快明朗的风格与节奏特点。幼儿在教师设置的茶园背景和故事导入中进入情境，身穿彩衣，手拿彩扇，化身美丽的采茶女，在音乐的伴奏下，用舞蹈动作感受采茶的乐趣，丰富了幼儿的活动体验。

指导建议

该活动能够在幼儿具有一定认知经验的基础上，采用故事和图片的方式引导幼儿深入情境，教师在乐曲选择上除了突出风格欢快、节奏鲜明的特点，还强调了肢体语言的重要性，调动了幼儿的主动性，引导幼儿用身体来感受音乐，表达自己的情感。这样的教学方法不仅可以激发幼儿的学习兴趣，还可以培养他们的创造力和表达能力。

廿一 谷雨三朝看牡丹 美术活动

活动目标

知道谷雨节气有观赏牡丹的传统习俗。

知道牡丹多层花瓣的特征，能够看图示并运用叠加的方式制作牡丹。

感受牡丹的美，体验手工制作的乐趣。

活动准备

经验准备：观赏过牡丹，知道牡丹的大致形态。

物质准备：牡丹图片、牡丹制作图示、彩色纸、剪刀、胶棒等。

活动过程

【开始部分】

教师与幼儿共同回顾前期观赏牡丹的情境，出示牡丹图片，进一步了解其外形特征。

【师】之前我们在哪里观赏过牡丹呢？你们还记得牡丹长什么样吗？它的花瓣都有什么特征呢？

【幼 1】有白色的牡丹和粉色的牡丹，还有黄色的牡丹。

【幼 2】牡丹有好多花瓣。

【幼 3】牡丹的花瓣都向上弯曲，一层一层的。

※ 小结 ※ 牡丹的花朵有白色的、粉色的、紫色的、红色的、黄色的，每一朵花都有好多层花瓣，花朵是圆形的，闻起来还有淡淡的香味。

【中间部分】

1. 教师出示牡丹制作图示，与幼儿分析图示中符号的含义。

2. 幼儿根据图示，用彩色纸分步骤制作牡丹，教师巡回指导。

3. 幼儿与同伴分享制作牡丹的经验，展示作品。

【结束部分】

幼儿观赏大家制作的牡丹，表达自己欣赏作品后的感受。

活动反思

通过前期活动，幼儿了解谷雨节气赏牡丹习俗，知道牡丹的颜色及多层的外形特征，为动手制作牡丹积累了前期经验。活动重点是能够认识折纸符号，并根据示意图分步骤制作牡丹。活动中幼儿能够对自己的作品进行检查，发现自己折纸过程中出现的问题并修改。本次活动幼儿掌握了制作牡丹的全过程，能够在小组中相互帮助，分享折纸经验，为幼儿能够独立根据示意图进行手工制作和解决问题打下基础。

指导建议

幼儿的手工活动和绘画活动一样，都属于艺术创作范畴，是幼儿美术教育不可缺少的组成部分。牡丹制作活动的开展可以培养幼儿一丝不苟、不慌不忙、坚持到底的优良品质。本次活动在幼儿充分认识并能够完整描述牡丹外形特征的基础上展开，活动中幼儿认识了折纸符号，并根据示意图分步骤制作牡丹。制作牡丹是一项细致的工作，需要按顺序进行，否则就会失败。孩子们在制作牡丹过程中遇到问题时能够与同伴相互交流经验，提高了他们相互学习的能力，体验了手工活动的乐趣。建议在材料投放上实现多样性、层次性，可以投放不同材质、不同颜色的纸，以及半成品供幼儿选择。

 廿二 春种一粒种 科学活动

活动目标

认识豌豆、南瓜、花生的种子，尝试使用多种工具进行简单的种植。

能够发现植物生长过程中的明显变化，了解植物多样性。

喜欢参加种植活动，愿意与同伴分享经验。

活动准备

经验准备：有种植的经验。

物质准备：种植视频、种植流程图、豌豆、南瓜、花生种子，种植工具，种植箱，肥料，记录单等。

活动过程

〔开始部分〕

请小朋友说一说种植的基本步骤和过程。

〔中间部分〕

1. 幼儿分组在种植区进行豌豆、南瓜、花生种子的种植。

2. 幼儿对种子发芽周期的长短进行猜想，并开展连续的周期性观察。

3. 幼儿运用观察、比较、排序等方法对种子的生长变化情况进行记录。

【结束部分】

1. 幼儿对植物生长过程中的明显变化（出土、开花、结果）进行阶段性总结与分享。

2. 幼儿与同伴分享种植经验。

活动反思

清明前后，种瓜点豆。在万物生长的春天，开展种植活动不仅能够激发幼儿热爱植物、热爱大自然的情绪和情感，更是认识、了解植物生长过程的黄金时期。因此教师选择了外形特征、栽培方式差异明显的豌豆、南瓜、花生进行种植，让幼儿观察、记录它们从种子到发芽、长叶、开花、结果、形成种子的全过程。幼儿对活动非常感兴趣，主动观察植物生长变化，悉心照顾，对植物生长过程有了比较全面的认识，也在照顾植物的过程中增强了责任意识。

▲ 主题墙一角

指导建议

《幼儿园工作规程》强调，幼儿园应当将环境作为重要的教育资源，合理利用室内外环境，创设开放的、多样的区域活动空间。在本次活动中，教师引导幼儿观察植物种子的特点，为幼儿提供种植视频和种植流程图，支持幼儿自主学习种植方法，提醒幼儿做好植物的生长记录。幼儿在持续观察、实践操作、记录、交流分享中掌握了种植的要领，满足了他们的探索欲望，激发了他们的责任感，并使其体验到劳动带来的快乐。建议将幼儿的活动记录、经验分享制作成视频或者小书保存，为今后的研究留下宝贵资料。

主题活动反思

2022年的冬奥会开幕式倒计时展示让“二十四节气”名扬世界。阳春三月，春暖花开，到处都是一派美丽的新气象，这也正是万物复苏的季节——春天。在平时户外活动或者在玉渊潭公园上自然课时，幼儿常常会说“光秃秃的树枝上长出了绿色的小叶子”“我看到了小小的黄色迎春花开了”“我看到地上长出了小草，还发现了小虫子”。在七嘴八舌的讨论中，幼儿对于春天的变化也产生了许多的疑惑。因此我们开展了本次主题活动“在春天里”。

在此次主题活动中，教师充分利用身边的环境资源，带领幼儿亲身体验、感受春季节气的特点，以多种形式开展对春季节气的探究。

此次主题活动由浅入深，春天都有哪些节气呢？都有哪些春季节气美食呢？我们能做哪些有趣的游戏呢？教师跟随着幼儿的问题，引导他们逐步观察、探究、发现、学习。例如，通过操作温度计，学习温度计热胀冷缩的原理，幼儿更加精准地发现春季节气明显的变化；在下雨小实验中，幼儿自己动手操作，了解了雨的形成和变化。此外，在立春时，幼儿亲自动手制作春卷，尝到了春季节气的美食；在公园的探索与观察活动中，幼儿发现了迎春花和连翘的不同，桃花、樱花、海棠的区别，并总结出花朵的结构；“清明前后，种瓜点豆”，对自己种下的种子进行观察、测量、记录，植物长得越来越茂盛，通过种植活动让孩子们体会到了农民伯伯的辛苦，进而学会珍惜每一粒来之不易的粮食……

在主题活动中，我们还充分联动了语言区、科学区、植物角、表演区和美工区等区域。通过续编、小实验、观察、记录，引导幼儿逐步形成做事细致、有耐心，独立解决问题的学习品质。通过表演、美工等活动，发展了他们的动手能力，将春季节气的美好呈现在了自己的作品中。

本次主题活动富有一定深度，符合大班幼儿年龄特点，帮助幼儿获得了更多的关键经验和解决问题的能力，为将来的学习生活打下了坚实的基础！

夏日乐悠悠
斗转星移

主题活动由来

在渐起的虫鸣声中，在花开花落间，春天悄然过去，缓缓而来的是初夏。一场雨过后，蚯蚓掘土而出，幼儿好奇地围着泥土观察蚯蚓，产生了对这个小生物的好奇。种植园里，西瓜的藤蔓快速攀爬生长，幼儿忍不住去摸一摸、看一看。通过去绘本馆查阅资料，幼儿发现“蚯蚓出、王瓜生”正是立夏的节气特点。有小朋友提出了问题：立夏是夏天的开始吗？为什么会是“春生夏长”？为什么立夏要吃立夏饭？为什么会有“三伏天”？由此幼儿开始了一场关于夏季节气活动的探索。

本次主题活动从幼儿的兴趣点出发，幼儿了解了夏季节气的由来，实际体验夏季节气的饮食文化和民间习俗。与此同时，借助天然的自然探究环境——玉渊潭公园，教师提供丰富的材料，引导幼儿自主观察，支持幼儿大胆进行探索，培养敢想、敢问、敢实践、乐分享的学习品质。在活动中幼儿通过持续的观察、记录、对比，感知气候变化与人们健康生活的关系。通过对环境的直接感知与亲身体验产生好奇心和探究的动力，体验夏季节气传统文化的魅力。

主题活动总目标

了解夏季节气的由来和习俗，了解节气与人们生活的关系，体会节气里的中国智慧。

能大胆尝试用色彩、线条、符号等表达对夏季节气的感受，激发幼儿对夏季节气的艺术创作愿望。

知道夏季节气的顺序，通过连续观察、对比气温和降水变化，了解夏季节气的特点及相关的农事活动，能用恰当的词语形容夏季节气的特征。

了解夏季节气的养生知识，学会防暑降温的方法，增强自我保护意识。

通过观察、实验，激发幼儿探索夏季节气的愿望，获得节气的相关经验，愿意与同伴合作交流。

主题墙

夏
日
立夏
绿树阴浓夏日长
热情初夏
小满
小满小满 麦粒渐满
炎炎夏暑
日历中的夏日节气
节气时间轴
关于【立夏】的讨论
小麦知多少
你好！立夏蛋
斗蛋游戏
美味立夏饭
制作蛋壳画
时雨及芒种
适逢小暑至
小水滴旅行记
夏至

悠
悠
小暑
夏日趣事
美味之夏
浓情端午
映日荷花别样红
大暑
一颗莲子的生命旅程
价目表
夏日品鉴会
事前准备
活动进行中
夏天有过一只蝉

主题网络图

主题活动·夏

夏日乐悠悠

热情初夏

- 绿树阴浓夏日长【立夏】
- 夏天的开幕仪式

炎炎夏暑

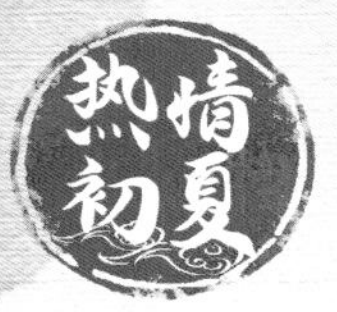

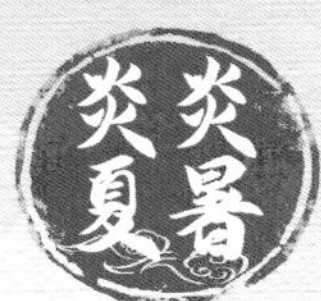

- 小满风光无限好【小满】
- 土培与水培小麦
- 芒种忙，麦上场【芒种】
- 立竿无影【夏至】
- 万物渐盛暑气蒸【小暑】

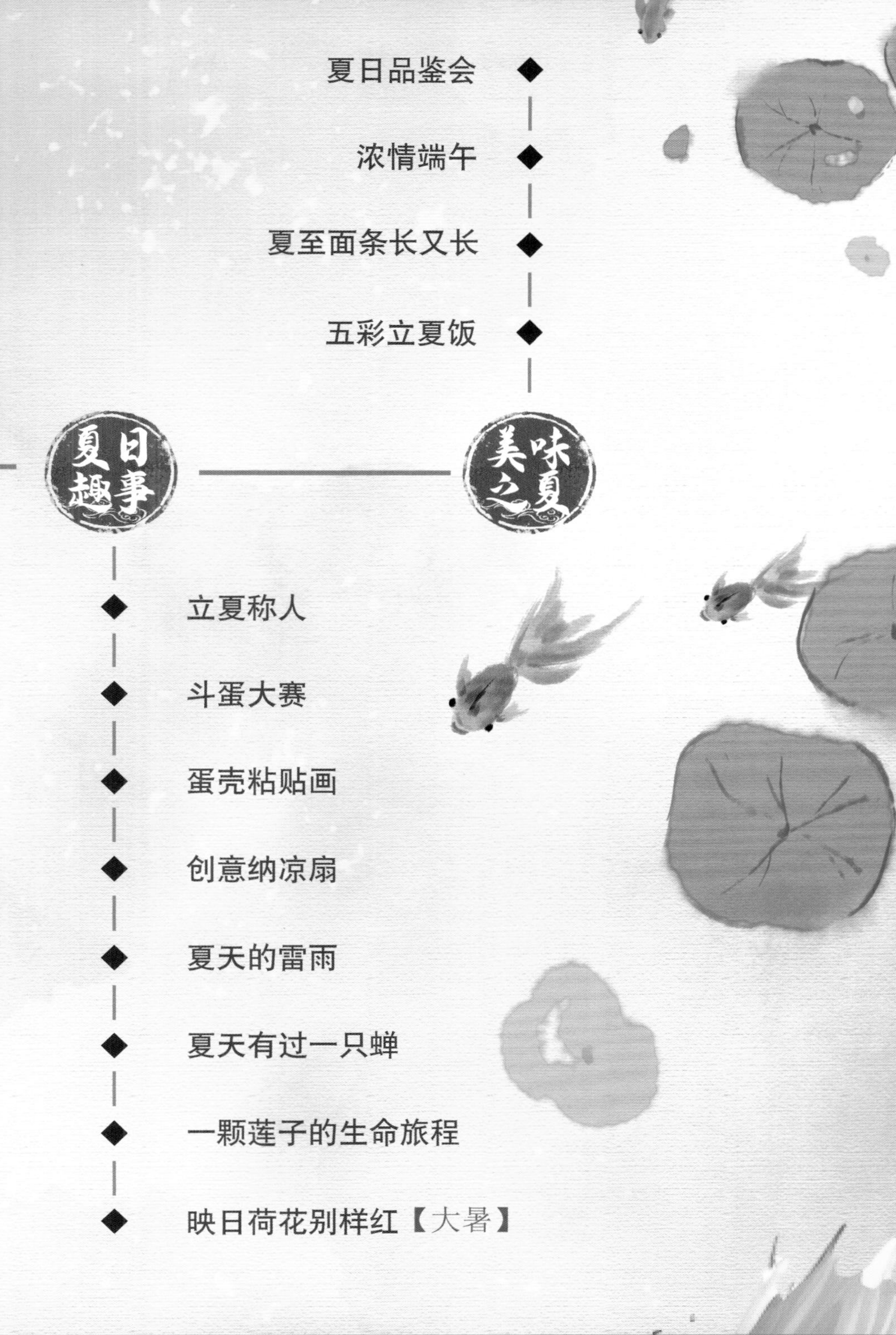

夏日品鉴会

浓情端午

夏至面条长又长

五彩立夏饭

美味之夏

夏日趣事

立夏称人

斗蛋大赛

蛋壳粘贴画

创意纳凉扇

夏天的雷雨

夏天有过一只蝉

一颗莲子的生命旅程

映日荷花别样红【大暑】

主题区域环境创设

语言区

投放与夏季节气相关的书籍：《二十四节气·夏》《一颗莲子的生命旅程》《这就是二十四节气·夏》《夏天的天空》《大雨哗啦哗啦下》等。

在班级活动中通过幼儿新闻播报等方式引导幼儿了解夏季节气相关知识，将幼儿自制播报稿整理成图书，在区域活动时间与同伴讲述。

通过班级组织的“拾麦”活动，幼儿自制“拾麦计划书”，计划开展探索活动。

美工区

投放鸡蛋壳，引导幼儿用不同的绘画材料、工具，制作蛋壳粘贴画。

提供蝉的标本和图片，引导幼儿观察蝉的外形特征，绘制《夏天的蝉》。

投放丙烯颜料和草帽，引导幼儿将创作的作品用于丰富“自然角”环境。

提供空白团扇、水拓画颜料，幼儿通过滴、刮、挑、浸等技法，制作国风团扇，锻炼幼儿的动手能力，使其愿意参与到美术制作中来。

提供彩笔和门票样式，鼓励幼儿自己设计丰富多彩的夏日品鉴会门票。

科学区

提供日晷，带领幼儿在户外进行观察，尝试用日影测量时间。

用竹筒、塑料片、小棍制作发声响蝉，了解声音传播的原理。

提供西瓜生长周期拼贴图，使幼儿对探究自然现象感兴趣，乐于大胆拼拼贴贴，了解西瓜的生长过程。

提供带有夏季节气的日历，引导幼儿按照时间顺序对夏季节气进行查找，发现日历中的夏季节气。

自然角

提供小麦的种子，利用水培和土培的方法进行小麦种植对比实验，鼓励幼儿每天浇水、观察、测量小麦生长高度并记录。

家园共育

根据班级主题活动的开展，家长利用周末和节假日与幼儿一同走进大自然、博物馆等，了解夏季节气的相关知识，进一步丰富节气经验。

家长与幼儿到果园、菜园、小麦种植基地等进行采摘，帮助幼儿认识农作物、蔬菜瓜果，了解它们的生长环境，体验劳动的快乐。将出游照片等物品带到班级与同伴交流分享。

家长与幼儿共同收集、阅读有关夏季节气的绘本，丰富夏季节气的知识和经验。引导幼儿关注天气、温度变化并进行记录。

家长和幼儿共同制作夏季节气美食，并将自己制作的过程自制小书与同伴进行分享。

家长和幼儿共同搜集关于小麦的知识，填写“小麦知多少”调查表，参与“拾麦”实践活动，了解小麦的外形、生长过程、作用等，通过收割小麦、拾麦粒、烤麦穗、品尝麦子等活动，引导幼儿亲身体验芒种时节丰收的喜悦。

家长协助幼儿准备端午节包粽子的食材，引导幼儿学习包粽子的方法，感受端午的节日气氛。

家长和幼儿共同准备菜谱中的食材、认识货币，鼓励幼儿积极参与“夏日品鉴会”活动。

 夏天的开幕仪式 语言活动

活动目标

回顾《二十四节气·夏》绘本内容，说出夏季节气的顺序。

能够根据夏季节气进行小组讨论，找出节气规律并用自己的方式记录。

活动准备

经验准备：了解《二十四节气歌》，阅读过《二十四节气·夏》的绘本故事。

物质准备：记录表、笔、台历（每人一本）。

活动过程

〖开始部分〗

谈话导入，引入主题。

【师】你们能说出夏季节气的正确顺序吗？分别是什么？

〖中间部分〗

1. 今天每个小朋友都带了一本台历，请小朋友们从台历中找出夏季节气的日期并标出来。

2. 幼儿小组进行讨论并记录。

【师】夏季节气分别在哪几个月？在哪一天？你发现了什么规律？

【幼1】我发现夏季节气都在5月、6月、7月。

【幼2】立夏在5月6日，小满在5月21日。

【幼 3】我发现每隔 15 天会到下一个节气。

3. 小组分享记录结果。

〔结束部分〕

1. 教师与幼儿共同梳理节气规律。

2. 让幼儿思考关于夏季节气还有哪些想要了解的。

活动反思

活动前幼儿阅读过《二十四节气·夏》绘本，对夏季节气有一定的了解。本次活动教师结合幼儿已有经验，引导幼儿从台历中找出夏季六个节气所在的日期，在小组内进行讨论，用表征的方式将自己发现的规律记录下来并与同伴分享。教师支持幼儿充分参与到活动中，提供材料、记录表，有目的地引发幼儿讨论，并为幼儿提供足够的思考讨论时间，通过大表与幼儿共同梳理节气规律，每个季节都有六个节气，每个季节开始的第一个节气都叫“立 ×”，比如立春、立夏、立秋、立冬，季节的中间都有春分、秋分、夏至、冬至等，引导幼儿对节气有更深层的了解。

指导建议

在本次活动中，教师通过引导幼儿标记台历、再现已阅读了解的绘本故事内容等方式充分调动幼儿已有的经验，从而展开讨论：夏季的六个节气代表了夏季的开始、丰收和结束。教师为幼儿提供了足够的思考讨论时间，大胆放手请幼儿自主分组查找、梳理和总结关于夏季节气的规律，并通过讨论、交流促进同伴间的相互学习，引发幼儿的深度思考，获得了更加丰富、更有价值的经验。建议教师在活动延伸部分引导幼儿及家长共同讨论，根据不同节气的特点，合理安排生活作息，注意保持身体健康，还可以收集相关“夏季养生小妙招”带到幼儿园分享，共同迎接夏季的到来。

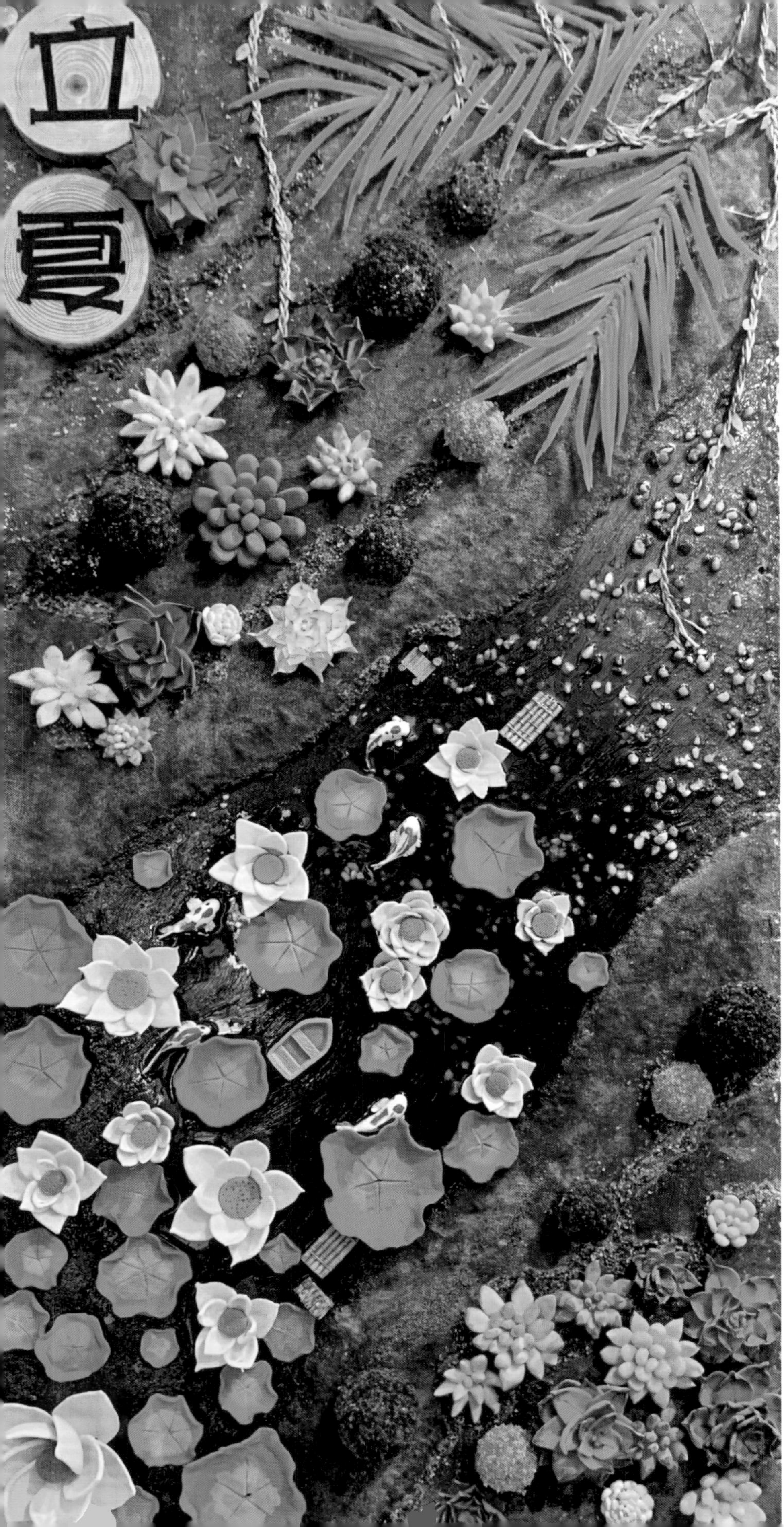

节气含义：立，是建立、开始的意思。夏，在古语里是大的意思。万物至此经已长大，得名立夏。

物候现象：蝼蝈鸣，蚯蚓出，王瓜生。

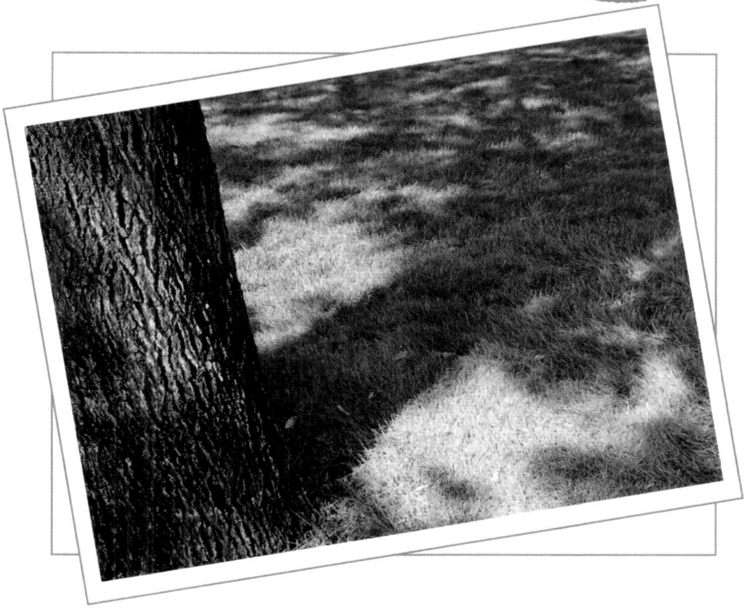

绿树阴浓夏日长

语言活动

【立夏】

活动目标

了解立夏的习俗、美食、物候等特征。

愿意积极参加讨论，对夏季节气活动的探究产生浓厚兴趣。

活动准备

经验准备：对立夏节气习俗、美食的兴趣，幼儿和父母共同收集有关立夏的特点和习俗。

物质准备：笔、纸、问题墙（小朋友提出的对夏季节气想要了解的问题）。

活动过程

【开始部分】

谈话导入，引发幼儿对夏季节气的兴趣。

【师】小朋友们在问题墙上贴出了很多关于夏季节气想要了解的问题，今天是立夏，我们就重点来了解立夏吧。

【中间部分】

1. 幼儿根据前期分组讲述收集到的关于立夏的知识。

【师】请习俗组、美食组、气候组的小朋友根据你们收集到的资料进行整理。

（1）习俗组：找到并用自己的方式整理出立夏的三个习俗。

【幼1】立夏可以来一场斗蛋大赛！

【幼2】我们还可以在立夏这一天称人，保佑自己平安度过夏天。

【幼3】我们南方有“立夏尝新”的风俗，品尝成熟的樱桃、青梅和麦子。

（2）美食组：找到并用自己的方式整理出立夏的三种美食。

【幼 1】立夏饭！看我带的图片，立夏饭是不是很好看？它有五种不同的颜色。

【幼 2】我们老家有吃咸鸭蛋或煮鸡蛋的习俗，吃蛋可以让我们的身体更健康。

【幼 3】在江南地区有吃黑黑的米饭的习俗，也可以帮助我们的身体更加健康。

（3）气候组：找到并用自己的方式整理出立夏的三个物候现象。

【幼 1】温度慢慢升高，经常会下雨，小虫子越来越多。

【幼 2】蚯蚓因为下雨在地下呼吸困难，会爬到地面上。

【幼 3】农民伯伯种的瓜会马上成熟。

2. 各小组分享整理的资料内容。

〔结束部分〕

教师与幼儿共同梳理立夏气候、习俗和美食。

※ 小结 ※　立夏有迎夏仪式、斗蛋游戏和称人等习俗；立夏还可以吃立夏饭、立夏蛋及尝三鲜等；立夏有三候，一候蝼蝈鸣，二候蚯蚓出，三候王瓜生。

活动反思

本次活动前教师带领幼儿开展了关于“夏季节气我想知道”谈话活动，收集了幼儿关于夏季节气活动最想了解的问题，并创设了“问题墙”，根据幼儿感兴趣的问题开展夏季节气活动。本次活动重点聚焦“立夏”这一节气，幼儿分为习俗组、美食组、气候组，将收集的资料在小组中用自己喜欢的方式进一步进行梳理，活动中教师始终以幼儿为主，尊重并支持幼儿的想法，以小组整理出的立夏节气内容选出幼儿最想要开展的活动，从而支持幼儿体验到立夏有趣的习俗。

▶主题墙一角

指导建议

立夏是中国的传统节气，标志着夏季的开始。对于幼儿来说，立夏可能是一个有些抽象的概念，通过活动，他们可以更好地了解立夏的习俗、美食和气候特征。在立夏这一天，人们会称重，看看夏天来临之际，体重有没有增加，这个过程可以引导幼儿了解立夏习俗的多样性。立夏的美食也是多种多样，比如立夏饭、立夏蛋等，这些食物不仅美味可口，而且富含营养，对幼儿的健康成长非常有益。立夏的气候特征是非常有趣的，随着立夏的到来，天气逐渐变热，万物生长茂盛，可以让幼儿观察大自然的变化，同时也可以引导幼儿观察动物们的活动，比如蝉鸣声越来越响亮，蜻蜓飞得越来越高。这些生动的画面和声音可以让幼儿更加直观地了解立夏的气候特征。通过讨论和活动，幼儿不仅可以更好地了解立夏的习俗、美食和气候特征，还可以培养他们的观察力和动手能力，使他们更加热爱大自然和生活。

三 立夏称人 科学活动

活动目标

了解立夏称人的传统习俗，会使用体重秤并记录体重。

知道“秤”是最准确的测量重量的工具。

活动准备

经验准备：前期对体重秤上的数字、指针有所了解，掌握丰富的祝福词汇。

物质准备：电子秤、机械弹簧体重秤、记录表、笔。

活动过程

【开始部分】

幼儿尝试使用自己感兴趣的秤称体重并送上立夏祝福。

立夏祝福语

（1）生活多美妙，祝你每日开心笑。

（2）喜悦流淌在心田，祝福立夏永欢颜。

（3）心情一直美丽，生活学习顺利。

（4）祝你笑容像夏花一样灿烂。

（5）生活诸多美好，祝福你在立夏。

（6）幸福美好永相跟，立夏快乐永留痕。

【中间部分】

幼儿对自己的体重进行记录，运用对比的方法进行体重排序。

【结束部分】

对电子秤和机械弹簧体重秤的称重结果进行比较，了解有无误差。

※ 小结 ※　通过立夏称人送祝福的习俗，感受立夏称人的愉快氛围。

活动反思

本次活动是根据幼儿在立夏活动中整理出的习俗而设置的，教师通过引导幼儿观察和认识秤的种类及功能、平时多用秤来称不同的物品，为本次称人游戏积累经验，幼儿在活动中能够学习正确的称重方法并进行记录。教师将体重秤投放在区域中，引发了幼儿进一步的探究，幼儿对参与测量的小组成员进行了体重的轻重对比、排序，为后续开展一系列活动做准备。幼儿在活动中对测量、记录有着浓厚兴趣，同时培养了幼儿观察、记录的好习惯。

指导建议

教师有效的引导使幼儿在区域游戏中能够熟练掌握体重秤的使用方法，并准确地将电子秤和机械弹簧体重秤的称重结果进行比较并了解误差。教师保留了幼儿的测量活动轨迹，使幼儿愿意用自己喜欢的方式记录并主动向他人分享自己的测量结果和新发现。建议后续活动进一步引导幼儿从关注体重到关注自身健康，养成良好的饮食和作息习惯，发现好的生活习惯和体重的关系，从而引导他们在进一步的探索活动中收获快乐，获得发展。

四 斗蛋大赛 社会活动

活动目标

能用连贯的语言清楚表达斗蛋规则，体验立夏斗蛋的乐趣。

愿意参与斗蛋比赛，找到斗蛋时鸡蛋不易破碎的技巧。

活动准备

物质准备：熟鸡蛋、记录表。

活动过程

〔开始部分〕

谈话导入，激发幼儿兴趣。

【师】小朋友们都想体验立夏斗蛋的习俗，那今天我们就来一场斗蛋大赛吧！

〔中间部分〕

1. 幼儿自主制定比赛规则。

【师】我们应该怎么进行斗蛋比赛呢？我们先来制定比赛的规则。

【幼1】我们可以两个两个地比。

【幼2】比出来的冠军再进行比赛，获胜的再比，最后一个获胜的就是“斗蛋大王”。

【幼3】斗破了壳的认输，然后要把自己的鸡蛋吃掉。

2. 幼儿分组进行斗蛋游戏。

3. 小组冠军分享斗蛋技巧。

4. 进行斗蛋决赛，选出“斗蛋大王”。

〔结束部分〕

幼儿分享斗蛋后的经验和心情。

【幼 1】在斗蛋的时候，我都在防守，没有主动发起攻击。拿鸡蛋的姿势也很重要，要横着拿蛋，把要撞击的部位露出来，跟别人撞的时候，要把鸡蛋拿得靠下一点。不用鸡蛋的侧边去撞击，侧边是最脆弱的。

【幼 2】只比了一次就失败了，好羡慕别人能够成功。

※ 小结 ※ 游戏都有“输”和“赢”，输赢并不重要，重要的是我们都感受斗蛋游戏的快乐。

〔活动延伸〕

鼓励小朋友们总结经验，回家和爸爸妈妈再来进行一场斗蛋比赛，让幼儿掌握运用了解到的斗蛋的小技巧，争做家庭“斗蛋大王”。

本次活动中幼儿积极参与活动，对活动充满兴趣，斗蛋游戏也成为幼儿最喜欢的游戏。幼儿重重突围，充分探究斗蛋时不让蛋壳破碎的技巧，纷纷分享自己的经验，在游戏过程中不断对斗蛋技巧进行总结和调整，通过玩一玩、斗一斗的形式，幼儿更充分地体验了立夏斗蛋的习俗。比赛结束后，有些幼儿对于“输赢”看得较重，教师帮助幼儿正视“输赢”，同时鼓励幼儿体验游戏当下的快乐，并鼓励孩子用自信、积极的态度勇敢面对竞争。

▲ 主题墙一角

活动评价

指导建议

立夏是夏季的第一个节气，到了立夏也就意味着夏天的到来，很多地方在立夏都有吃鸡蛋和斗蛋的习俗，主要是希望孩子们平安度夏。本次活动的环境创设尤为重要，教师为幼儿提供了一个开放的、变化的、有多种探索发现机会的物质环境，又创设一个良好、和谐、平等、宽容的心理环境，使幼儿能够接受斗蛋大赛的“输赢”并积极从中获取经验，引导幼儿自由地表现自我，使他们将自己的经验和体验进行重新组合，表达其自身的所想、所见、所感，并在游戏活动中得到欢乐和满足。正如《3–6 岁儿童学习与发展指南》中指出，幼儿在活动过程中表现出的积极态度和良好行为倾向是终身学习与发展所必需的宝贵品质。教师要珍视游戏和生活的独特价值，创设丰富的教育环境，提供适宜的支持，注重教育过程，成为幼儿的合作伙伴，分享他们成功的快乐，使他们成为更加自信的学习者。

 蛋壳粘贴画 美术活动

活动目标

了解蛋壳的多种用途。

能够使用工具制作蛋壳粘贴画。

培养幼儿对蛋壳粘贴画的兴趣，激发幼儿的想象力。

活动准备

物质准备：蛋壳、蛋壳粘贴画、小木锤、镊子、白纸、描边笔、胶水、颜料等。

活动过程

【开始部分】

教师出示蛋壳，了解幼儿的前期经验。

【师】刚刚结束了斗蛋大赛，看着大家扔掉的蛋壳，你们来想一想，蛋壳可以用来做什么呢？

【幼 1】把蛋壳放到花盆里，给花增加营养。

【幼 2】我奶奶说，蛋壳放到暖壶里可以去水碱。

【师】原来小小蛋壳有这么多的用途，今天我们就来看看它还能做什么。

【中间部分】

1. 教师出示用蛋壳制作的粘贴画，供幼儿欣赏。

2. 幼儿讨论蛋壳粘贴画的制作方法和注意事项。

【幼 1】将蛋壳涂上喜欢的颜色。

【幼 2】将蛋壳敲成小碎片。

【幼 3】先在纸上画出自己喜欢的图案，再涂上胶水。

【幼 4】使用镊子把蛋壳夹起来并粘贴在图案上。

3. 幼儿制作蛋壳粘贴画，教师巡视指导。

（1）幼儿自主创作，按自己的意愿先设计图案，并进行蛋壳粘贴。

（2）教师巡回观察并指导幼儿，观察幼儿是否掌握蛋壳的粘贴方法。

【结束部分】

分组请幼儿上台展示并介绍自己的作品。

活动反思

《幼儿园教育指导纲要（试行）》艺术领域指出，指导幼儿利用身边的物品或废旧材料制作玩具、手工艺品等来美化自己的生活或开展其他活动；为幼儿创设展示自己作品的条件，引导幼儿相互交流、相互欣赏、共同提高。本次活动材料选用幼儿斗蛋大赛中的蛋壳，结合幼儿对蛋壳粘贴画的欣赏而激发其对蛋壳粘贴画的兴趣，引导幼儿自己动手操作，不仅能充分发挥他们的想象力、创造力，还能通过欣赏、点评等形式促使他们感受美、表现美，同时体验变废为宝的快乐。

活动评价

指导建议

本次美工活动使用的材料是生活中常见的蛋壳，与平时进行美工活动经常使用的纸类材料有很大的不同，具有一定厚度，硬且脆，特别是这些蛋壳是幼儿体验立夏节气活动——斗蛋大赛中剩下的，与幼儿的经历有着紧密的联系，因此深深地吸引着他们。辅助工具小木锤和镊子的运用更是激发了幼儿动手参与的愿望。蛋壳粘贴画新颖有趣，但也需要技巧和耐心，幼儿要非常细心、谨慎，这对他们来说也是一项挑战，而这恰恰又符合大班幼儿的年龄特点，他们喜欢有一定难度、富有挑战性的游戏活动，所以在粘贴作品时总是聚精会神。后续在幼儿熟练掌握的基础上，可变换胶水等辅助粘贴材料，引导幼儿尝试从平面粘贴转换到曲面粘贴（如使用瓶子、杯子等材料），逐步增加难度和挑战。相信在不断变化的创意美工活动中，每个孩子都能够面对新的挑战，不断树立自信心，获得更多有价值的经验。

五彩立夏饭 食育活动

活动目标

了解制作立夏饭的材料和步骤，通过洗、切、煮等方法学习制作立夏饭。

在立夏活动中，感受劳动的快乐和收获的乐趣。

活动准备

物质准备：立夏饭制作步骤图、大米、豌豆、胡萝卜、土豆、香菇、案板、幼儿用刀、围裙、厨师帽等。

活动过程

【开始部分】

谈话导入，引起幼儿兴趣。

【师】我们在讨论立夏美食时，小朋友们对制作立夏饭很感兴趣，今天我们就一起来尝试吧！

【中间部分】

1. 教师出示食材。

2. 幼儿根据立夏饭制作步骤图进行组内分工备菜（淘米、洗菜、切菜、剥豆）。

【幼1】我们一起剥豆子吧！

【幼2】你剥豆子，我来切胡萝卜，她负责切土豆。

【幼3】那我就来淘米！把大米洗得干干净净。

3. 制作立夏饭（幼儿在立夏饭蒸煮时分享制作立夏饭的过程）。

【结束部分】

幼儿品尝立夏饭。

活动反思

为了引导幼儿能够更好地体验立夏习俗，教师选择幼儿感兴趣的食物开展本次活动。活动中，幼儿观察立夏饭制作步骤图，能够根据步骤图分工操作（如切胡萝卜丁、土豆丁，剥豆，淘米等），并在食材准备过程中与同伴进行交流沟通，相互帮助，共同完成，感受到了劳动的喜悦，同时充分体验了立夏节气吃立夏饭的传统习俗。

指导建议

《幼儿园教育指导纲要（试行）》指出，教师应成为幼儿学习活动的支持者、合作者、引导者。大班的幼儿已经有了较强的动手能力，能够熟练地使用常见的操作工具，但使用小刀的机会较少。当需要使用此工具时，家长出于安全考虑，往往不敢放手。但为了满足幼儿强烈的操作愿望，教师为幼儿提供适宜的刀具，逐步放手并鼓励他们尝试使用。通过实践，教师发现幼儿经过练习是能够安全使用刀具的，并且具备了一定的自我保护意识。在活动过程中，教师充分给予幼儿自主操作、探索、交流的空间和时间，使他们在合作和交流中有所收获。以此活动为例，教师要充分相信幼儿的潜力，为他们提供良好的空间环境，最大限度地锻炼他们的动手能力，促进他们更好地发展。

小满

节气含义：民谚云『小满小满，江河渐满』。小满中的『满』，指雨水之盈。在北方地区，小满节气期间降雨较少，甚至无雨，这个『满』指小麦的饱满程度。

物候现象：苦菜秀，靡草死，小暑至。

七 小满风光无限好

美术活动

【小满】

活动目标

理解古诗《四时田园杂兴·其二十五》的内容，感受小满时节的田园风光。

能够运用国画的技法生动形象地将古诗中所描绘的田园景色进行大胆创作与表现。

活动准备

物质准备：宣纸，国画颜料，画笔，杏子、梅子、麦花、油菜花的照片。

活动过程

【开始部分】

教师与幼儿共同回顾古诗《四时田园杂兴·其二十五》。

【师】小朋友们，你们还记得《四时田园杂兴·二十五》这首古诗吗？里面都讲了什么呢？

【中间部分】

1. 出示照片，教师与幼儿一起梳理古诗内容，感受小满时节的田园景色。

【师】古诗中提到了哪些农作物呢？它们都是什么样子的？

【幼 1】梅子、杏子、麦花，还有油菜花。

【幼 2】梅子已经变成金黄色了，杏子变得胖胖的。

【幼 3】麦花像雪一样白，油菜花慢慢地变少了。

2. 教师和幼儿共同讨论绘画内容与表现形式。

【师】如果让你将古诗中的田园景色用绘画的方式展现出来，你会画些什么呢？你会选择什么颜色来画呢？

3. 幼儿创作国画，教师巡回指导。

【结束部分】

幼儿展示交流绘画内容。

附古诗《四时田园杂兴·其二十五》：

《四时田园杂兴·其二十五》

[宋]范成大

梅子金黄杏子肥，麦花雪白菜花稀。

日长篱落无人过，惟有蜻蜓蛱蝶飞。

【活动延伸】

请幼儿和父母共同寻找还有哪些描写小满时节美丽景色的古诗，在班级中与同伴分享。

活动反思

本次活动前，通过对古诗《四时田园杂兴·其二十五》内容的共同梳理和农作物的欣赏，幼儿更加深入地了解了古诗中小满时节的田园风光，基于幼儿对古诗的充分理解，教师引导幼儿以颜色变化为重点，用国画的形式表现古诗意象。教师在活动中鼓励幼儿创作，以同伴、小组、集体分享作品的形式引导幼儿，让每位幼儿都有分享自己作品的机会，将古诗与国画结合，引导幼儿在绘画中体味古诗色彩美，从而也使幼儿感受国画与古诗结合的意境之美，培养幼儿对古诗和国画学习的浓厚兴趣。

▲ 主题墙一角

活动评价

指导建议

《3–6 岁儿童学习与发展指南》指出，艺术是人类感受美、表现美和创造美的重要形式，也是表达自己对周围世界的认识和情绪态度的独特方式。教师引导幼儿充分理解古诗内容，展示杏子、梅子、麦花、油菜花的实物和照片供幼儿欣赏，由此激发幼儿将古诗中抽象的意象具体化，符合幼儿的年龄特点，而不局限幼儿的创作标准。引导幼儿根据古诗内容，在绘画中用国画颜料进行大胆创作，丰富了幼儿的绘画经验，使其产生了愉悦的创作体验。建议教师在活动后将幼儿作品全部展示，引导幼儿欣赏同一主题下不同的绘画创作，充分感受艺术创作的魅力。

八 土培与水培小麦 科学活动

活动目标

区分小麦种子和水稻种子，尝试使用土壤和水对小麦进行种植。

能够发现土培小麦和水培小麦的不同，了解不同环境下小麦的生长情况。

进行持续性的观察和对比并将发现进行记录，体验种植的乐趣。

活动准备

经验准备：有种植并进行周期性观察的经验。

物质准备：种植小麦的视频和照片、小麦种子、水稻种子、适量土壤和水、种植工具、测量工具、记录单、记录笔。

活动过程

〔开始部分〕

1. 出示小麦和水稻的种子，请小朋友观察并区分两种种子的异同。

2. 请小朋友分享种植小麦的基本方法和步骤，教师提供视频和图片进行种植方法补充。

〔中间部分〕

1. 幼儿分成两组分别在种植区对小麦进行土培和水培。

2. 幼儿对土培小麦和水培小麦的生长情况进行猜想，并进行持续性观察。

3. 幼儿通过观察、对比将土培小麦和水培小麦的生长情况进行记录。

〔结束部分〕

1. 幼儿对土培小麦和水培小麦在生长过程中所呈现的不同（生长高度、粗细、颜色）进行总结与分享。

2. 幼儿分享在种植小麦过程中的有趣发现。

活动反思

本次活动中，通过选择水培和土培的方法对小麦进行种植对比，引导幼儿在持续性的观察、记录、比较中发现水培小麦和土培小麦之间的不同。在种植观察过程中幼儿明显地观察到了水培小麦的生长速度快于土培小麦的生长速度，在不同光照的作用下粗细和颜色也有着明显的区别，幼儿在实际的种植过程中积累种植经验，体验到种植的乐趣。

活动评价

指导建议

种植活动中，教师引导幼儿持续观察小麦在不同环境中的生长情况，成为幼儿活动的引导者、支持者、合作者。在幼儿观察到小麦开始发芽、提出问题、动手测量这一系列活动过程中，体现了幼儿对植物生长周期变化的强烈好奇心与探究愿望，调动、拓展了幼儿的原有经验，又使幼儿在亲身经历、实践操作中获得了新的知识经验。因此，教师应多为幼儿创造亲自动手尝试、操作体验和分享表达的机会和条件，使他们在实践中主动发现科学的奥妙、探究的乐趣，体会收获和成功的喜悦。

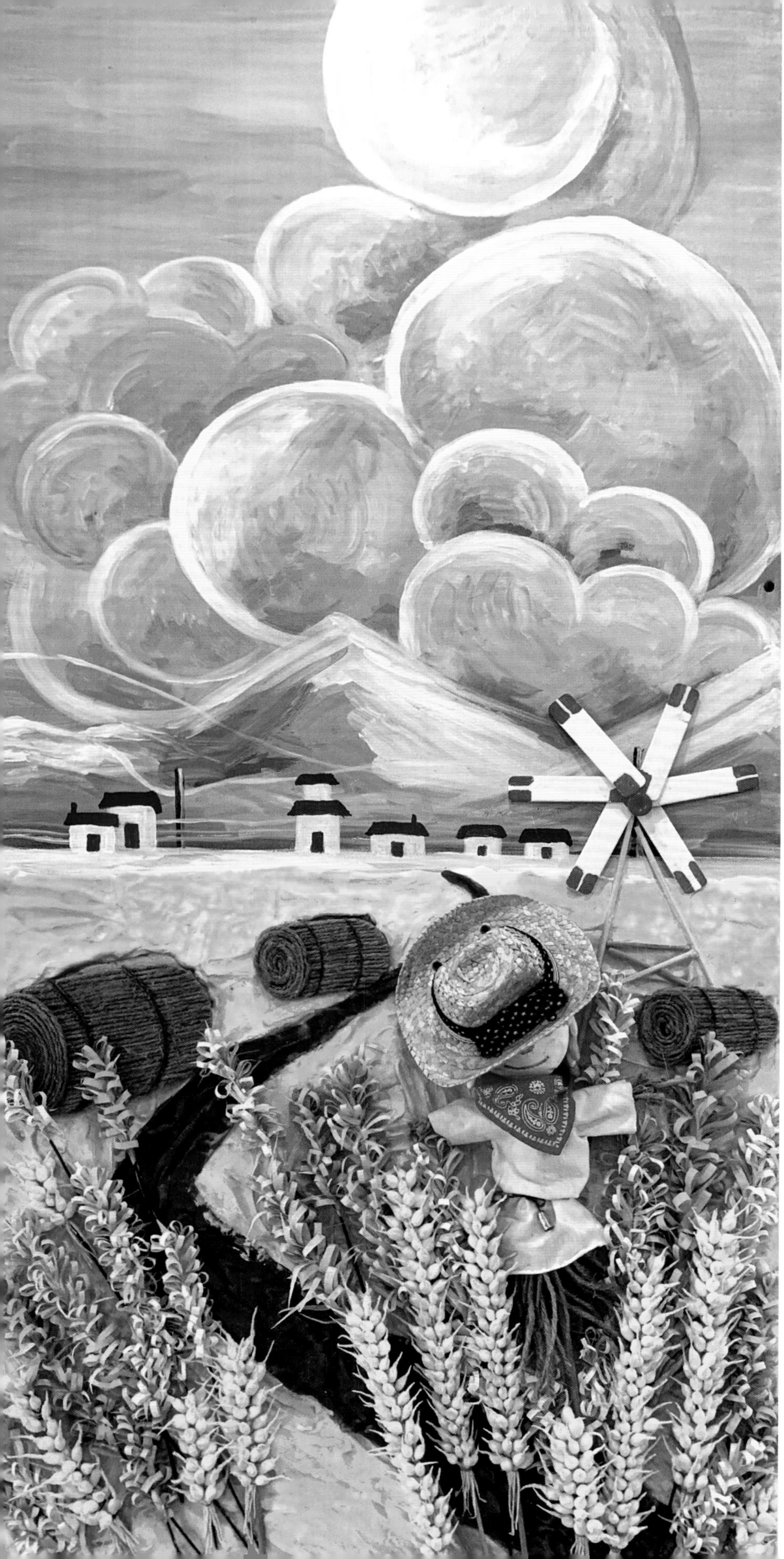

芒种

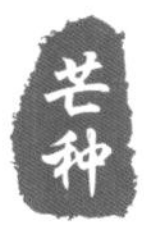

节气含义：『有芒之谷类作物可种』。农事耕种以『芒种』这节气为界，过此之后种植成活率就越来越低。

物候现象：螳螂生，䴗始鸣，反舌无声。

芒种忙，麦上场

社会活动

【芒种】

活动目标

观察小麦的外形特点，了解小麦的生长过程。

体验亲自收割小麦、搓麦子、脱粒、烤麦穗等活动，增强动手操作能力。

通过收割麦子感受农民劳动的艰辛，懂得粮食来之不易，爱惜粮食。

活动准备

经验准备：通过前期调查对小麦有初步了解。

物质准备：镰刀、手套、包装纸、丝带、剪刀、记录单、记录笔等。

活动过程

〔开始部分〕

谈话导入，引起幼儿兴趣。

【师】小朋友们还记得俗语“大麦不过小满，小麦不过芒种”吗？今天请你们带上工具和记录单，到麦田间亲自观察、收割小麦，把自己的发现记录下来。

〔中间部分〕

1. 幼儿学习收割小麦的方法，体验收麦子的乐趣。使用镰刀时要用有锯齿的一边进行收割，割麦秸的根部。

2. 烤麦子，用手搓出烤熟的麦粒，品尝麦粒。

3. 手工筛麦，拾麦粒。敲打收割下来的小麦进行脱粒，筛出颗颗饱满的麦粒。

4. 用包装纸、丝带、剪刀，发挥创意制作美丽的麦束花。

〔结束部分〕

1. 幼儿展示自己的记录单，分享自己对小麦的发现。

【幼 1】小麦的样子是一粒一粒的。

【幼 2】小麦上有好多尖尖的须。

【幼 3】我还发现爸爸喝的啤酒也是小麦做的。

2. 教师引导幼儿谈谈感受，共情农民伯伯收割麦子的情景，体会劳动的辛苦，懂得爱惜粮食。

【师】今天收割小麦，你们有什么样的感觉？

【幼 1】流了很多汗，腰很酸。

【幼 2】品尝了烤的小麦，很好吃，很开心。

【幼 3】我要把制作的麦束花送给爸爸妈妈。

【幼 4】农民伯伯收麦子好辛苦啊，我们不要浪费粮食了。

活动反思

要赶在芒种前收割小麦吗？小麦是如何收割的？又是如何变成面粉的呢？为了满足幼儿的好奇心，教师组织了本次麦田间的实践活动。

在此次活动中，幼儿不仅主动观察了小麦的外形，还掌握了收割、脱粒、烤麦穗的具体方法，并在记录单上认真地记录了自己的发现。幼儿在看看、听听、说说、玩玩的过程中，了解了芒种抢收小麦的农事活动，体验了麦子的收割过程，理解了节气与农事劳作之间的关系，也对我国传统的农耕文化有了更深的认识。

▲ 主题墙一角

活动评价

指导建议

小麦作为全球最重要的粮食作物之一，对于人类的生存和发展具有举足轻重的地位。通过观察小麦的外形特点，幼儿可以了解到它的形态、颜色、纹理等，从而对这种重要的农作物有更深入的了解。通过亲身体验收割、搓麦子、脱粒、烤麦穗等活动，幼儿的动手能力将得到极大提升。这些活动需要细心、耐心地操作，同时还需要具备一定的协调能力和判断能力，进而培养幼儿的科学思维和创新能力。在实践中，幼儿学会如何使用工具、与他人协作，这些经验将为他们未来的学习和生活奠定坚实的基础。引导幼儿走进大自然、亲近大自然也是这次活动的另一大价值所在，在大自然的怀抱中，他们可以感受到生命的美好和神奇，培养科学探究精神，使他们更加珍惜自然、爱护环境，为未来的可持续发展贡献自己的力量。

十 创意纳凉扇 美术活动

活动目标

了解扇子的种类和形状。

用勾、搅的方法在水面上作画，进行扇面拓画。

培养幼儿对水拓扇的兴趣，大胆尝试水拓扇绘画。

活动准备

物质准备：水拓扇作品及颜料、空白团扇、托盘、牙签、画针、密齿梳等。

活动过程

【开始部分】

1. 了解各种各样的扇子，如折扇、羽毛扇、团扇等。

2. 教师出示水拓扇作品，引起幼儿兴趣。

3. 教师出示水拓扇材料：空白团扇、水拓扇颜料、画针、托盘等。

【中间部分】

幼儿根据水拓扇步骤图进行创作。

（1）向水中滴入颜料，搭配 2 ~ 3 种颜色。

（2）用画针或密齿梳在颜料上轻轻勾勒纹理。

（3）将团扇平放浸入水中，让颜料图案着色在团扇上。

（4）将团扇放置在阴凉通风处晾干。

【结束部分】

1. 幼儿互相分享作品、欣赏作品。

2. 教师拓展幼儿作画思路：想一想还可以用哪些工具来勾勒颜色纹理。

【活动延伸】

幼儿在区域活动中继续创作水拓扇。

活动反思

本次活动制作水拓扇，幼儿需要先将颜料在水性载体上完成各种纹理，这对他们来说是一种新的尝试，因此对活动产生了浓厚的兴趣。他们尝试着将各种颜色滴入水中，观察颜料在水面上扩散，形成各种美丽的图案。在活动的过程中，也存在一些问题，如有的幼儿急于创作，颜色滴得很杂，也有的幼儿没有将整体扇面平放进溶液里，导致扇子的中间有纹理而两边没有。针对这些问题，教师引导幼儿发现问题，积极思考解决的方法，并做出调整，最终完成水拓扇的创作。本次活动不仅引导幼儿了解到扇子的种类，更重要的是让他们通过水拓的方式感受到图案在水中变化带来的未知感。这种未知感让他们更加投入，也让他们更加热爱艺术创作。同时，幼儿在相互分享、交流总结中提升了色彩搭配和动手操作能力。

活动评价

指导建议

团扇作为中华传统文化的重要元素，自古以来就备受人们的喜爱和推崇，它不仅是一种实用的物品，如今更是被视为一种文化的象征和艺术的展示。画针游走，颜料随水波层层叠荡，花朵在涟漪中绽放，将团扇轻浮水面，独一无二的画面就此定格。这令人惊叹的技艺并非魔法，而是源于唐代的古老花纹制作技艺“墨池法”。活动中，教师运用丰富的色彩激发幼儿的视觉感受，对他们的个性创作给予了有力支撑。教师请幼儿自由选择自己喜欢的颜料大胆创作，进行搭配，给予他们创作的空间，充分尊重幼儿的选择，从构思、选色再到渲染，每个孩子的作品都独一无二。基于活动中部分幼儿出现的用色较杂的情况，建议教师在引导幼儿欣赏自然界和生活环境中美的事物时，着重关注其色彩、形态等特征，帮助幼儿积累美的感受和体验，丰富其想象力和创造力，引导幼儿感受中华传统文化的深厚魅力，并在实践中加深理解进行掌握，将艺术融入生活，让生活走进艺术。

 浓情端午 食育活动

活动目标

了解端午节的来历和习俗，能用缠绕、捆绑的方法包粽子。

能够互相帮助，体验合作包粽子的乐趣。

活动准备

经验准备：幼儿了解过屈原的故事。

物质准备：绳子、粽叶、各种类的馅、泡好的糯米、围裙、厨师帽。

活动过程

〔开始部分〕

图片导入，了解端午节的来历和习俗。

※ 小结 ※　端午节为每年农历的五月初五，相传是为了纪念爱国诗人屈原。端午节有包粽子、赛龙舟、佩香囊、喝雄黄酒等习俗。

〔中间部分〕

1. 提出问题，引发幼儿思考。

【师】你们都吃过什么口味的粽子呢？它们都是什么形状的呢？

【幼 1】甜的！豆沙、红枣馅的，是三角形的。

【幼 2】还有肉馅的，咸咸的，长条的。

※ 小结 ※　粽子有甜、咸等多种口味。包粽子的方法包括锥形粽、塔形粽、三角粽等。

2. 食堂阿姨示范包粽子的方法。

【师】今天我们邀请食堂阿姨教小朋友们包粽子，阿姨在包粽子的时候都用到了哪些材料呢?

【幼 1】包粽子用到了糯米、粽叶、绳子。

【幼 2】还有好吃的馅料！红枣、豆沙馅。

3. 幼儿学习包三角粽的方法。

第一步：将粽叶折叠成漏斗形，放入少量糯米。

第二步：放入准备好的馅料，在馅料上盖一层糯米。

第三步：用力将粽叶裹紧，用绳子将粽子绑紧。

〔结束部分〕

幼儿将包好的粽子送到食堂，蒸熟后进行包装。让幼儿将粽子带回家与家人分享。

活动反思

端午节是我国传统节日之一，有着独特的风俗，其中蕴含着爱国主义教育和中华民族优良传统文化传承的教育契机。教师从讲屈原的故事、介绍端午节习俗入手，将活动重点落在孩子们最喜欢的包粽子环节上。活动中，孩子们始终保持浓厚的兴趣，他们认真观看食堂阿姨的示范讲解，按照制作过程一步一步仔细操作，并且在制作过程中交流合作（提示同伴将粽叶裹紧，粽子绑绳后互相帮助打结）。粽子蒸熟后，一起分享劳动成果，感受劳动的快乐。通过开展以上活动，幼儿不仅锻炼了动手能力，还体验了有趣的民俗和劳动的乐趣。在了解屈原故事的同时，也激发了孩子们的民族自豪感，以及对中华优秀传统文化的认同感。

活动评价

指导建议

《3–6岁儿童学习与发展指南》指出，良好的社会性发展对幼儿身心健康和其他各方面的发展都具有重要影响，应让幼儿在良好的社会环境和文化熏陶中形成基本的认同感和归属感。幼儿园在端午节这个充满传统文化气息的节日里开展包粽子的活动，不仅给了幼儿学习节日习俗的机会，更是对传统文化的尊重和传承。活动中，幼儿了解到粽子的历史渊源，以及其中所蕴含的文化内涵，亲身体验能够使他们更加深入地了解传统文化，从而增强他们的文化自信和民族认同感。建议教师邀请家长走进班级和幼儿一起包粽子，共同感受端午节的氛围，分享家庭的温馨与快乐。

夏至

节气含义：夏至在中夏之位，即午位，午属阳，夏至虽然阳气较盛，且白昼最长，却未必是一年中最热的一天。气温高、湿度大、不时出现雷阵雨，是夏至后的天气特点。

物候现象：鹿角解，蜩始鸣，半夏生。

立竿无影

科学活动

【夏至】

活动目标

通过“立竿见影”的操作实验，发现手电筒的照射方向会影响影子的长短，了解夏至当天“立竿无影”的现象。

喜欢参与实验活动，对生活中影子的科学现象感兴趣。

活动准备

物质准备：手电筒、积木、记录表、“立竿无影”现象介绍视频。

活动过程

【开始部分】

回顾夏至的由来和传统习俗。

根据小朋友查找的资料，分享夏至的由来和传统习俗。

【中间部分】

1. 立竿见影。

【师】小朋友们，你们知道什么是“立竿见影”吗？

【幼 1】把一根长长的竹竿在阳光下竖起来就可以立刻看见影子。

【幼 2】如果我们在树林里迷路了，可以用这种方法辨别方向。

【幼 3】因为太阳光照射下来被竹竿挡住了一部分，在竹竿的背后就会出现阴影。

2. 幼儿进行“立竿见影”操作实验。

（1）幼儿根据手电筒照射物体位置的不同，记录影子的长短变化。

（2）幼儿分享记录结果。

【幼 1】光源和影子的方向是相反的。

【幼 2】光源离物体越近，影子越短；光源离物体越远，影子越长。

【幼3】光源在左，影子在右；光源在右，影子在左。

※ 小结 ※ 手电筒在物体正上方时，影子最短。

3. 幼儿了解夏至“立竿无影”现象。

【师】小朋友们，刚才我们知道了什么是“立竿见影”，那你们知道什么是“立竿无影”吗？我们观看视频后，看看小朋友们能不能找到答案（播放视频）。

【幼1】立竿见影是指早上太阳从东边升起影子会变长，太阳落山的时候影子也会变长，而中午的时候影子会变短。立竿无影是指夏至中午的太阳在头顶，影子就会变得看不见。

【幼2】立竿无影是太阳在夏至日前后，到了中午太阳在头顶，影子会变短。

【幼3】我在视频中看见，立竿无影只有在5个地方才有，夏至日的中午在太阳下立根竹竿，影子就不见了。

【幼4】只有南方才能看见立竿无影，我好想去看看啊！

〔结束部分〕

※ 小结 ※ 夏至这天太阳几乎直射北回归线，在广东、广西、云南等北回归线上的地区，就会出现“立竿无影”的有趣现象。不在北回归线上的城市也会见到一年当中最短的影子。

〔活动延伸〕

寻找生活中的影子，并进行创意拍照活动，和影子做游戏等。

活动反思

夏至这天太阳几乎直射北回归线，在广东、广西、云南等北回归线上的地区，就会出现“立竿无影”的有趣现象。但这样的现象在幼儿的日常生活中几乎见不到，为了能够进一步理解“立竿无影”的科学现象，教师在活动中，引导幼儿借助手电筒从不同位置照射，记录影子的长短变化，总结出手电筒在物体正上方时影子最短，知道了“立竿见影”的科学原理。活动中幼儿积极主动，认真思考，大胆提问，通过亲身操作，丰富了幼儿夏至节气的相关知识的经验。

指导建议

幼儿科学学习的核心是激发探究兴趣，体验探究过程，发展初步的探究能力。幼儿园阶段的科学教育是在教师引导下，幼儿通过自身的活动对周围的自然界进行感知、观察、操作、发现，以及提出问题、寻找答案的探索过程，以培养幼儿的科学素养为目的，其价值取向不再是静态知识的传递，而是注重幼儿情感态度和幼儿探究解决问题的能力。本次活动通过“立竿见影”“立竿无影”的科学现象，引导幼儿充分实践，发现影子长短和光源位置的关系。幼儿通过观察、比较、实验等方法亲自尝试，亲身经历，可不断积累经验并将经验运用到新的游戏活动中，形成受益终身的学习态度和能力。建议活动结束后，鼓励幼儿根据兴趣继续探究，借助一些简单的自然物、工具等引导幼儿亲自观测一天不同时段户外物体影子位置及长短的不同变化。在这个过程中，幼儿不仅可以学到如何使用工具进行观测，还可以进一步对记录的数据进行分析，从而找出蕴含的科学规律。同时还可以带领幼儿制作圭表、日晷等，引导幼儿深入观察和探究。

 夏至面条长又长 食育活动

活动目标

了解吃夏至面的习俗，能够根据步骤图尝试制作夏至面。

学会根据需要选择适宜的工具解决夏至面制作过程中遇到的问题，掌握正确使用切丝器、压面机等工具的方法。

能够用清晰连贯的语言讲述夏至面制作过程，体验制作夏至面的乐趣。

活动准备

经验准备：有和面、擀面皮、折叠、切条的动作经验。

物质准备：面粉、黄瓜、盐、麻酱、擀面杖、刀、漏勺、切丝器、压面机、围裙、厨师帽、量杯、菜板、面板、面盆、筷子、矿泉水、电煮锅、计时器、台布、面条的制作步骤图等。

活动过程

〔开始部分〕

谈话导入，引入主题。

【师】小朋友们，今天已经是夏至了，我们一起来制作一道夏至美食——夏至面。

〔中间部分〕

1. 幼儿观察夏至面制作步骤图。

【师】哪位小朋友愿意说一说夏至面的制作方法？

【幼 1】我们得在面里放点水，揉一揉。

【幼 2】面好像得放一会儿，我奶奶就是那么做的。

【幼 3】要把面擀平，撒上面粉折叠成一摞。

【幼 4】要把折好的面用刀切成条，然后放水里煮。

【师】和面时要注意什么呢?

【幼1】水要一点一点地倒，倒一点水揉一揉，倒一点水揉一揉。

【幼2】每次不能倒太多的水，得慢慢地，一点一点地倒。

【幼3】奶奶还说和面时要“三光”（手光、盆光、面光）。

※ 小结 ※　首先要按照三杯面粉一杯水的比例将面粉和成面团；面团放置15分钟左右后用擀面杖擀成面片；面片撒上面粉折叠成一摞，最后用刀（或使用压面机）竖着切成条，再放到锅里煮。

2. 教师介绍材料并提出注意事项，幼儿自主选择。

3. 幼儿分组操作，教师指导。

（1）和面。

【幼1】我的手上粘的都是面。

【幼2】我的面团里面有小疙瘩。

（2）醒面并准备配菜：黄瓜丝和麻酱。

【师】老师准备了不同的切菜工具，小朋友们可以自己进行选择。

（3）压面、切面、煮面。

【师】将擀好的面对折的时候，每一层都要记得撒上干面粉，防止粘连。

【师】小朋友们，煮面条的时候要注意些什么呢？什么时候可以捞出来呢？

【幼 1】要等水开以后才能把面放进去，而且要慢慢地放。

【幼 2】面条放进去以后要用筷子搅拌一下，加 2 ～ 3 次水。

【幼 3】面条煮好之后捞出来，要放到凉水里面。

〔结束部分〕

1. 将面条从凉水中捞出，放入酱料和黄瓜丝。

2. 小朋友们品尝夏至面。

活动反思

夏至吃面是一种传统习俗，俗话说“冬至饺子夏至面”。面条有助于消化和开胃，也有利于排出体内多余的热量。夏至前后是麦子丰收、面粉上市的时候，在此之前小朋友们参加了割麦的实践活动，了解过小麦可以制作哪些美食。本次开展夏至面的制作活动，通过对制作步骤图的观察和老师的引导，幼儿亲身体验，在实践当中掌握夏至面的做法。在切面条的过程中，面条的粗细很难把控，需要教师的帮助与指导；煮面条时因为水的温度较高，教师需要提醒幼儿注意操作安全。幼儿对生面放到沸水中煮熟的过程充满了好奇并获得成功的体验。夏至面被送入口中的时候，每位小朋友都感到幸福与满足。

活动评价

指导建议

《3–6 岁儿童学习与发展指南》指出，家庭、幼儿园和社会应共同努力，让幼儿在良好的社会环境及文化的熏陶中形成认同感和归属感。本次活动中，孩子们通过了解传统食品建立起传统文化特色概念。“夏至面”是“二十四节气”传统美食之一，教师从幼儿的原有经验出发，通过实际操作使用生活中常用工具调动他们的多种感官，充分发挥了幼儿的主体性，使他们在操作中学会分工与配合。建议幼儿回到家中结合幼儿园所学参与力所能及的家务劳动，和家长共同制作夏至面，建立更加亲密的亲子关系。

小暑

节气含义：暑，是炎热的意思，小暑为小热，还不十分热。小暑开始进入伏天，所谓『热在三伏』，『三伏天』通常出现在小暑与处暑之间，是一年中气温最高且又潮湿、闷热的时段。

物候现象：温风至，蟋蟀居宇，鹰乃学习。

万物渐盛暑气蒸

科学活动

【小暑】

活动目标

通过分组讨论，梳理立夏到小暑的气温和降雨情况，了解小暑节气的特点。

利用图表、统计等方式，培养幼儿持续观察、记录的兴趣。

活动准备

经验准备：有过记录和统计的经验。

物质准备：降雨记录表、温度计、气温记录表、统计表。

活动过程

〔开始部分〕

回顾夏季节气的前期经验。

【师】我们每天的小小播报员都带来了当天的天气情况，今天我们一起来梳理、归纳从立夏到小暑的天气情况吧。

〔中间部分〕

1. 明确梳理内容。

【师】我们每次记录的天气情况内容有哪些呢?

【幼 1】立夏刚刚进入夏天，雨天慢慢变多了。

【幼 2】现在我们的天气变热了，外面的温度越来越高了。

【幼 3】我们记录的天气不仅有晴天还有雨天，气温有最高气温和最低气温。

2. 幼儿自由分组，整理从立夏到小暑的天气数据。

【幼 1】从立夏到小暑，最高温度和最低温度都越来越高了。

【幼 2】夏季刚开始时晴天天数比较多。

【幼 3】到了小暑和大暑，雨天的天数变得特别多。

3. 教师和幼儿共同完成统计表，画出气温走势图，统计降雨情况。

【结束部分】

将统计表贴在区域内继续根据播报员的播报内容进行记录。

活动反思

本次活动是贯穿立夏到小暑的长线活动，前期幼儿通过自主讨论，每天用蓝笔画出当天最低气温，用红笔画出当天最高气温。活动中幼儿持续记录每天的气温和天气情况，并在小暑当天进行汇总统计。幼儿通过对比结果发现，小暑前后的降雨量逐渐增多，发现雷阵雨的时间短、降雨量大，小暑节气前后气温也在逐渐升高。为了支持幼儿能连续对天气情况进行记录，教师引导幼儿以小小天气播报员的形式进行每天的记录，获得了关于统计方面有价值的经验，发挥了同伴间相互学习的积极作用，体现了大班幼儿活动化共同学习的特点。

指导建议

小暑节气前后气温逐渐升高，天气开始进入炎热的阶段。幼儿通过持续记录气温，可以更好地了解小暑节气的气候特点，有助于幼儿形成对自然环境的科学认知，培养他们的观察力和记录能力。连续记录温度需要耐心和毅力，锻炼了幼儿的意志力和责任心，即使是小小的一项任务，也需要他们持之以恒地完成。当幼儿看到自己的记录逐渐完善，他们对自然界的探索欲望会被激发，教师持续有效的支持能够引导他们提出更多的问题，了解更多的知识，进一步拓宽他们的视野。

十五 夏天的雷雨 音乐活动

活动目标

感受歌曲的旋律和节奏，体验共同游戏的快乐。

运用已有经验，通过听辨、感知、表达来表现歌曲的节奏和力度。

能根据歌词内容创编简单的身体动作。

活动准备

经验准备：活动前已熟悉歌曲旋律，具有音乐常规素养。

物质准备：歌曲《夏天的雷雨》、打击乐器若干。

活动过程

〔开始部分〕

幼儿听音乐入场。

1. 倾听歌曲，感知歌曲旋律和节奏。

【师】听！这是什么声音？雨点落下来会是什么样子呢？

〔中间部分〕

2. 教师播放歌曲，启发幼儿听辨、感知、表达，进一步理解歌曲的节奏和力度。

3. 再次播放歌曲，教师通过提问启发幼儿根据歌词内容创编简单的身体动作。

【师】打雷的声音是怎么样的？可以用什么动作来表示？

【师】闪电是什么样的？可以用什么动作表示？

【师】雨的声音是什么样的？谁有好的动作表示雨落下来？

4. 幼儿跟随音乐用打击乐器进行歌曲表现。

〔结束部分〕

幼儿听音乐离场。

活动反思

《幼儿园教育指导纲要（试行）》指出，每个幼儿都有热爱美好事物的天性和学习艺术的潜能，对鲜明而有特点的节奏有浓厚的兴趣。《夏天的雷雨》以其鲜明的切分节奏彰显出歌曲的特点，恰逢小暑已至，雷雨天增多，幼儿观察到这一现象，对歌曲学习有了一定经验准备。在活动中，教师重点引导幼儿根据歌词创编相应的肢体动作，进一步感知音乐节奏与力度，每个幼儿都有表现和表达的机会，体验音乐活动的快乐。

活动评价

指导建议

感受歌曲《夏天的雷雨》的旋律和节奏，引导幼儿通过听辨、感知、表达来理解和欣赏音乐，在这个过程中，幼儿充分体验到音乐的节奏感和力度变化，感受到音乐带来的快乐和愉悦感。同时，他们通过共同游戏的方式，与其同伴一起相互学习、分享快乐，增强彼此之间的有效互动和情感交流。教师通过引导孩子们听辨音高、音色、节奏等音乐元素，帮助他们建立起对音乐的深层次感知和理解。同时，教师鼓励幼儿通过拍手、跺脚等方式来表现歌曲的节奏和力度，引导他们用自己喜欢的方式来表达对音乐的理解和感受。之后教师进一步根据歌词内容，引导幼儿创编简单的身体动作，运用乐器表演等方式来表现歌曲。丰富多样的活动形式不仅可以充分调动幼儿学习的积极主动性，更能激发他们的想象力和创造力，提高身体协调能力，培养他们的艺术素养和审美能力，从而使幼儿更好地感受和理解音乐的魅力。为他们未来的成长和发展奠定坚实的艺术基础。

十六 夏天有过一只蝉 科学活动

活动目标

知道蝉是昆虫，能够运用观察、比较和分析等方法，发现并描述蝉的外形特征及生长变化过程。

愿意运用数字、图画、图表和符号等方式记录自己的发现。

能与他人合作、交流，喜欢参与探索活动。

活动准备

经验准备：阅读过《夏天有过一只蝉》绘本。

物质准备：蝉的不同阶段的图片、蝉的成虫标本、昆虫结构图、《夏天有过一只蝉》绘本等。

活动过程

〔开始部分〕

猜谜语，引出活动主题。

谜面：头大尾细，爬爬跳跳真可爱，六只眼睛长在身，昆虫界里称老大。（打一昆虫）

〔中间部分〕

1. 出示蝉成虫标本，引导幼儿观察并记录。

【师】请小朋友们认真观察蝉的外形特征，并用自己的方式进行记录。

2. 幼儿分享观察记录结果。

【师】你们有什么发现？

【幼 1】蝉的身体是黑褐色的。

【幼 2】头上有一对复眼，一对短短的触角，嘴像针，是一根空心的管子。

【幼 3】蝉的背上有两对透明的翅膀，薄薄的。

【幼 4】身体下面有三对足，肚子是一节一节的。

※ 小结 ※　蝉拥有一对晶莹剔透的翅膀，轻盈而透明；它们的身体呈现出深褐色或黑色，与树皮的颜色非常相似，这使得它们在自然环境中能够很好地隐藏自己。此外，蝉还有一双大大的复眼，充满了警惕和好奇。

3. 幼儿对蝉的发音器官进行细致观察，分辨雄蝉与雌蝉。

4. 出示昆虫结构图，幼儿进行对比梳理。

【师】蝉是昆虫吗？昆虫都有哪些特征呢？

※ 小结 ※　蝉是昆虫，有头、胸、腹、触角、翅的就是昆虫。

5. 欣赏《夏天有过一只蝉》故事，感受蝉生命的意义。

〔结束部分〕

幼儿交流自己的想法，体验蝉生命的意义。

▲ 主题墙一角

活动反思

幼儿在午睡后听到蝉鸣，在好奇心的驱使下，教师引导幼儿通过观察认识了蝉的外形特征，对蝉的发音器官进行了细致观察，以此分辨出雄蝉与雌蝉的不同。孩子们又结合昆虫结构图与蝉的外形特征进行对比，知道了蝉也是昆虫。活动中幼儿始终保持好奇心和探究热情，与同伴积极互动，通过细致地观察、比较、记录，认识到生物的多样性，更感受到生命的珍贵。

指导建议

《3-6 岁儿童学习与发展指南》指出，幼儿的科学学习是在探究具体事物和解决实际问题中，尝试发现事物间的异同和联系的过程；幼儿科学学习的核心是激发探究兴趣，体验探究过程，发展初步的探究能力。活动中，教师通过生动有趣的对比方法，引导幼儿细致地观察蝉的外形特征，加深了其对昆虫结构的了解。幼儿在了解蝉生长变化的过程中，认识到生命的宝贵和脆弱，从而更加尊重自然和生命。

一颗莲子的生命旅程 语言活动

活动目标

回顾绘本内容，加深对莲子生长周期的认识。

理解思维导图的作用，尝试使用思维导图梳理绘本内容。

能够根据思维导图，用清楚、连贯的语言完整表述绘本内容。

活动准备

经验准备：认识并使用过思维导图，阅读过《一颗莲子的生命旅程》绘本。

物质准备：绘本《一颗莲子的生命旅程》、纸、笔。

活动过程

〔开始部分〕

回顾绘本，共同回忆荷花的生长过程。

【师】小朋友们还记得《一颗莲子的生命旅程》这本绘本讲了什么吗？

【幼 1】莲子落到水里慢慢发芽，长出叶子，又长出荷花了。

【幼 2】绘本里讲了，莲子发芽，长出新叶子，然后开花，长出莲子，成熟的莲子掉进水里漂走，再次入泥。就这样循环。

【幼 3】莲子是用水力传播的。

【幼 4】荷花是从淤泥里长出来的。玉渊潭公园里的荷花长出的莲蓬，最后也会掉到水里。

〔中间部分〕

1. 回顾思维导图的类型。

【师】谁还记得思维导图都有哪些？

2. 用思维导图的方式梳理莲子生长的几个阶段及各阶段莲子的状态变化。

（1）幼儿分组，选择自己喜欢的思维导图进行绘本梳理。

【幼 1】我们组想在纸上画出荷花的样子。

【幼 2】我们组想用大树的样子。

【幼 3】泡泡的方式可爱，我们还可以涂上自己喜欢的颜色。

（2）小组间分享自己绘制的思维导图。

3. 教师与幼儿找出思维导图的共性（莲子一生的五个阶段），加深幼儿对绘本的理解。

【结束部分】

【师】今天我们用思维导图的形式将莲子一生的五个阶段梳理出来了，小朋友们之后可以把自己喜欢的绘本也用思维导图的形式总结出来。

活动反思

本次活动开展之前，幼儿已经阅读过《一颗莲子的生命旅程》，知道思维导图的类型和作用，在此基础上，教师设计了本次活动，引导幼儿尝试用思维导图来梳理莲子的生长阶段。首先，确定将莲子作为核心，对于发芽、萌芽、生长、开花、结果每个阶段，在思维导图中添加更多的细节和信息。通过这样的思维导图，绘本内容以清晰、连贯的方式呈现出来。活动中教师给予幼儿充分表达和交流的机会，锻炼了幼儿语言表达能力，促进深度阅读习惯的养成。

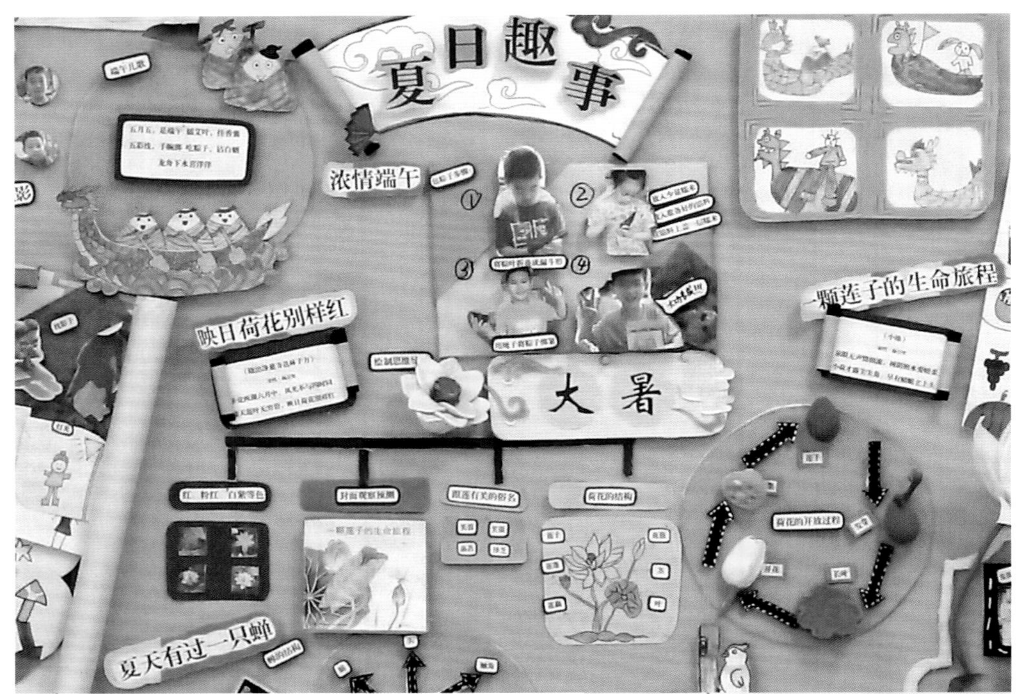

▲ 主题墙一角

活动评价

指导建议

思维导图是有效的学习工具，通过梳理和呈现，不仅有助于掌握知识，还能培养学习能力和创造力。为使活动更加生动有趣，建议教师使用不同的颜色、符号或图片来区分思维导图中不同的信息或强调某些重点。例如，绿色可以表示莲子的生长阶段，蓝色可以表示莲花的开放，黄色可以强调莲藕的收获。在幼儿绘制思维导图的过程中，鼓励幼儿积极思考和提问，如“为什么莲子可以在水中生长？”“莲花的颜色有哪些？”等，这些问题的提出可以帮助幼儿更加深入地理解绘本内容，并激发他们的好奇心和探索欲望。在今后的教育教学实践中，教师可多鼓励幼儿尝试运用思维导图来整理和呈现学习内容。

大暑

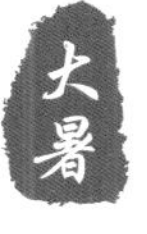

节气含义：『暑』是炎热的意思，大暑，指炎热之极。

物候现象：腐草为萤，土润溽暑，大雨时行。

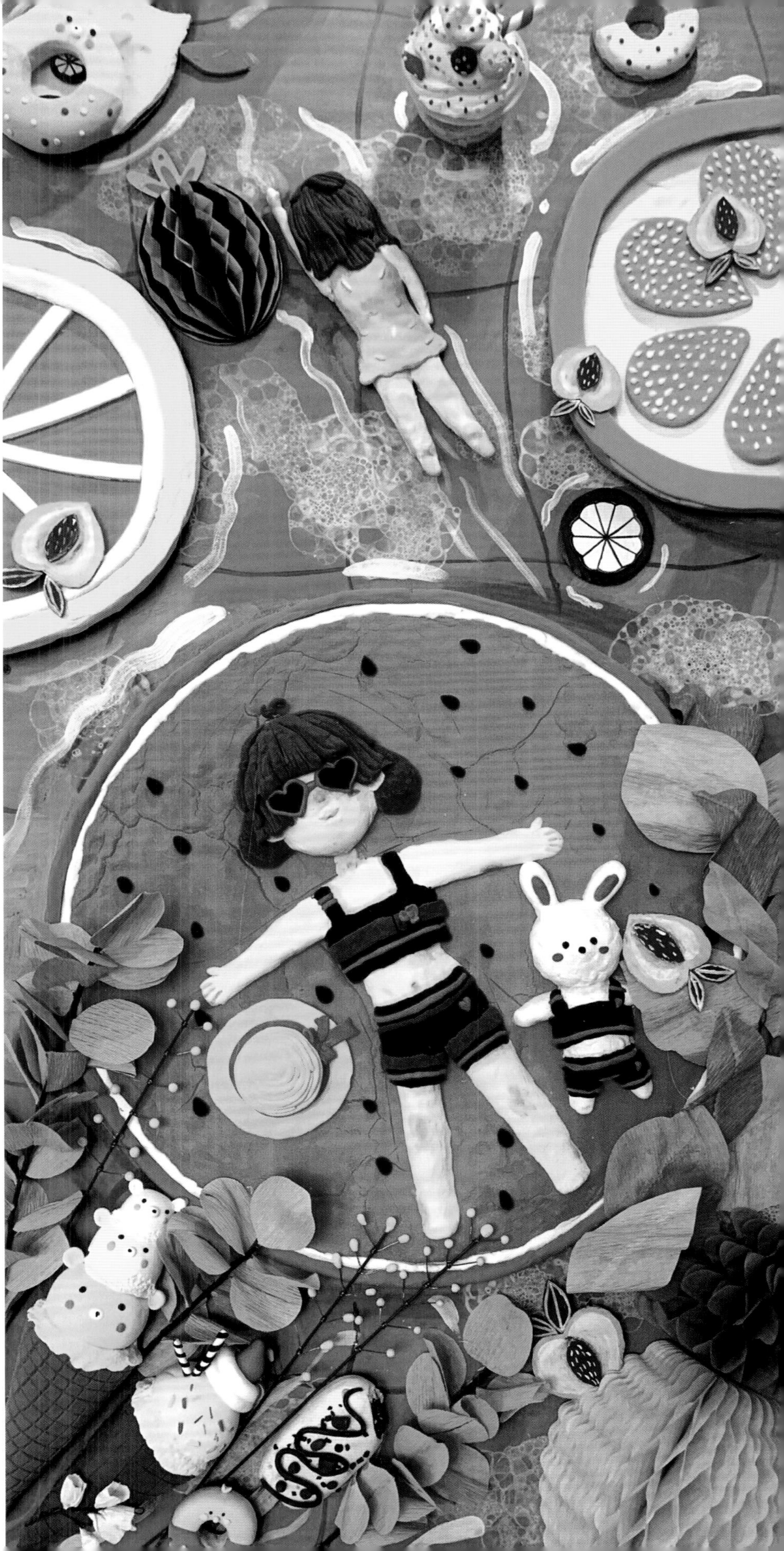

映日荷花别样红

语言活动

【大暑】

活动目标

尝试用“节气 + 花名 + 特征”的特定句式创编儿歌。

能有节奏地朗读儿歌，培养幼儿文学创编的兴趣。

活动准备

经验准备：了解夏季节气花卉的主要特征。

物质准备：收集夏季节气花卉开放图片及儿歌。

活动过程

〔开始部分〕

1. 欣赏儿歌，初步了解内容。

2. 教师带领幼儿诵读儿歌，加深对儿歌内容的了解。

〔中间部分〕

1. 分析问答儿歌的句式特点。

（1）引导幼儿观察句式中的相同点和不同点。

【幼 1】每段开头先问“× × × × 什么花儿开？”

【幼 2】第二句都是回答“× × 花儿开”。

【幼 3】第三句和第四句在讲花名和特征。

（2）与幼儿逐一分析每个相同点和不同点表达的意义。

【幼 1】前两句让我们知道每个节气什么花开。

【幼 2】后两句让我们知道花开时像什么。

【幼 3】要用三个字来比喻花开像什么。

（3）幼儿观察图片，找出花卉的明显特征，并能用准确的语言描述。

【幼 1】紫藤花小小的，花开的样子像一个小铃铛。

【幼2】太阳花有黄色、橙色、红色，颜色真多呀。

【幼3】荷花花瓣很大，很干净。

2. 集体仿编儿歌。

（1）协商确定每个节气中具有代表性的花卉。

（2）根据“节气 + 花名 + 特征”的特定句式创编儿歌。

3. 小组仿编儿歌。

（1）交代任务及要求，幼儿进行小组分工。

（2）小组仿编儿歌并记录，教师观察，需要时介入。

〔结束部分〕

各小组选出代表展示仿编儿歌。

附仿编儿歌：

立夏立夏什么花儿开？
立夏立夏紫藤花儿开。
紫藤花开什么样？
紫藤花开像铃铛。

小满小满什么花儿开？
小满小满紫薇花儿开。
紫薇花开什么样？
紫薇花开百日红。

芒种芒种什么花儿开？
芒种芒种太阳花儿开。
太阳花开什么样？
五颜六色真可爱。

夏至夏至什么花儿开?
夏至夏至蜀葵花儿开。
蜀葵花开什么样?
蜀葵花开高又高。

小暑小暑什么花儿开?
小暑小暑木槿花儿开。
木槿花开什么样?
无穷无尽开不败/木槿花开一丛丛。

大暑大暑什么花儿开?
大暑大暑荷花开。
荷花花开什么样?
荷花花开像莲灯。

活动反思

本次活动引导幼儿用“节气+花名+特征”的特定句式创编儿歌，加上有节奏地朗读儿歌，增加了活动的趣味性，帮助幼儿加深印象、快速记忆，大大提升了他们参与创编的兴趣。通过创编儿歌，引导幼儿积极思考，既丰富了相应节气开放花卉的名称、特征等知识经验，又达到了幼儿共同学习、资源共享的目的，充分体现了坚持以游戏为基本活动的教育原则。活动中有效的互动和良好的师幼关系为诗歌创编、幼儿成果交流分享奠定了良好的基础。

指导建议

创编活动使幼儿的语言表达能力得到显著提升，他们需要挑选合适的形容词来描述花卉的特征，这无疑锻炼了他们的词汇运用能力。从思维层面上看，创编活动对幼儿的创造力是极好的锻炼，他们需要根据节气、花名和特征之间的关联，构思出合理且富有创意的句子，这对于提升他们的逻辑思维能力是极为有益的。此外，通过了解节气与花卉之间的关系，幼儿能够更加深入地了解节气文化，从而增强对自然界的认知，这样的学习方式更为生动有趣，能够大大激发幼儿的学习兴趣。建议教师在语言区继续引导幼儿根据自己的兴趣需求持续开展创编活动，通过同伴间的相互学习、相互欣赏和鼓励，促使不同发展水平的幼儿获得发展。

 夏日品鉴会 社会活动

活动目标

分组制作夏日美食水果串、水果捞、酸梅汤、绿豆汤，乐意与同伴合作和分享。

能够根据已有知识经验进行十元内货币交易。

活动准备

经验准备：有过货币交易的经验，已自主分配角色，小小服务员到各班分发入场券。

物质准备：夏日美食的各种食材、十元内不同面值学习币、品鉴会入场券、菜单、角色牌及服装、美食评分表等。

活动过程

【开始部分】

活动开场，幼儿喊出叫卖活动口号，吸引客人注意，调动幼儿参与活动的热情。

【中间部分】

1. 小小服务员引导客人点餐。
2. 小厨师制作美食。
3. 客人现场品尝美食或选择服务员配送美食。
4. 客人到收银台付款。
5. 客人评价打分。

【结束部分】

幼儿对美食品鉴会中汲取的经验进行交流分享。

【幼 1】服务员们十分热情！

【幼 2】制作美食的速度有点慢，下回我们可以多招一些厨师。

【幼 3】收银员收钱很快，但是对价格不是很熟悉。

▲ 主题墙一角

活动反思

为培养孩子们动手操作、策划、协商、沟通、表达等多种能力，教师在尊重幼儿年龄特点、兴趣需要，了解幼儿发展水平的基础上，搭建展示自我、发展个性的平台。活动前，幼儿自主完成了角色分配、绘画入场券、制定菜谱、分发入场券等环节。活动中，幼儿化身美食大厨、服务员、引导员、送餐员等角色，高高兴兴接待参与活动的客人，在欢乐和谐的氛围中结束活动。本次活动幼儿了解了制作夏日美食的各种方法，积累了生活消费经验，提高了沟通交流技能，体验到活动的乐趣。

指导建议

夏季节气品鉴会为幼儿提供了亲身体验和动手实践的机会，增强幼儿团队合作和社会交往能力。幼儿与同伴、教师共同参与，在相互合作的过程中，提高他们的沟通能力，培养团队协作精神。在品鉴过程中，幼儿接触到各种与夏季相关的知识和文化。这些知识与经验的积累不仅拓宽了孩子们的视野，也为他们日后的学习奠定了基础，是夏季节气活动的精彩落幕。

主题活动反思

此次主题活动基于二十四节气主题，源于春末夏初万物生长时，一场幼儿对于夏季节气活动的探索。《3–6岁儿童学习与发展指南》指出，大班幼儿对周围的世界充满好奇，愿意深入探究，不再满足于表面的信息。尽管对于节气歌已经有所了解，幼儿对于夏季节气的具体表现却并不熟悉：为什么立夏要吃立夏饭？为什么夏天影子越来越短？为什么天气越来越热？什么是“蚯蚓出、王瓜生”？幼儿开始了解动植物与环境之间的关系，对自然界的探索欲越来越强，并渴望探究一些现象背后的原因。

根据时间线，主题活动分为“热情初夏”“炎炎夏暑”“夏日趣事”等版块，同时将夏季节气的食育活动单独以“美味之夏”板块呈现。幼儿在活动中学习感知、动手操作、亲身体验，逐步了解夏季节气的由来和习俗，了解节气与人们生活的关系，体验节气里的中国智慧。教师关注幼儿的身体发展和健康习惯的培养，锻炼幼儿情绪管理能力、培养个人卫生习惯、掌握简单的自我保护知识和技能。幼儿通过连续观察、对比气温和降水变化，进一步感知并了解节气的特点，知道节气对万物生长的作用；通过角色扮演和社会互动，制作美食、宣传售卖、开展夏日品鉴会有助于培养幼儿的社会适应能力和合作精神，建立初步的社会关系。此外，主题活动过程中还开展了安全教育和营养保健活动，提高了幼儿的安全意识，促进了幼儿健康饮食习惯的养成。

《3–6岁儿童学习与发展指南》中提出，幼儿科学学习的核心是激发探究兴趣，体验探究过程，发展初步的探究能力。充分利用自然和实际生活机会，引导幼儿通过观察、比较、操作、实验等方法，发现问题、分析问题和解决问题。通过同伴间的相互学习、相互欣赏和鼓励，促进幼儿的个性化发展。

教师在活动过程中作为幼儿探索的支持者、引导者，丰富了自身关于夏季节气的许多物候知识，将书上看似不好实现的习俗搬到幼儿的生活中，贴近幼儿的生活，与幼儿共同亲身实践，完成一场夏日之旅。活动中还有不够深入细致的地方，需要我们继续探索挖掘……

秋日密语
斗转星移

主题活动由来

随着立秋的到来，教师在班级中开展了立秋“贴秋膘”的活动，并收集了幼儿关于秋季节气的疑问。幼儿提出：秋天为什么“秋高气爽”？小暑和大暑是夏天的节气，为什么秋天也会出现“处‘暑’”呢？立秋和秋分都有“秋”，它俩有什么不同呢？根据幼儿的疑问，教师设计了本次秋季节气主题活动。

秋季是收获的季节，也是万物凋零的季节。通过此次主题活动，幼儿可以了解秋季六个节气的特点、气候变化、物候现象等方面的知识。幼儿可以通过观察、动手操作、记录等活动，发现叶绿素的秘密，知道霜的形成原理；通过揽柿子、树叶粘贴等实践活动，亲身体验秋季节气的丰富和美好，培养他们的动手能力和创造力。通过中秋节、重阳节等传统节日习俗，可以引导幼儿传承和弘扬中华优秀传统文化。同时，通过秋季节气的生命教育，可以引导幼儿了解生命的循环和演变，从而培养他们的生命意识和感恩之心。

主题活动总目标

鼓励幼儿亲近大自然，观察周围事物变化，了解秋季节气的特征及与人们生活的关系。

了解秋季节气习俗和人文特点，丰富幼儿传统文化知识和经验。

通过集体、小组合作等形式，引导幼儿探究秋季节气活动中气候、树叶等变化，能用自己的方式进行记录。

鼓励幼儿主动与他人交流分享秋季节气探索活动中自己的发现与成果，尊重并接受他人建议。

乐于参与探究活动，通过感知、欣赏、参与，感受秋天的美，萌发幼儿对大自然的热爱和敬畏之情。

培养幼儿的观察、探究和思考能力，通过活动了解秋季的自然现象和农作物的生长过程，提高他们的认知能力和动手能力。

培养幼儿尊重生命、珍惜资源的态度，引导幼儿了解农作物生长的不易，懂得节约粮食和感恩大自然。

传承和弘扬中华优秀传统文化，引导幼儿了解秋天的传统节日和文化内涵，培养文化自信和民族自豪感。

主题墙

秋
秋序
秋景
日
一叶知秋
介绍
互动
分享
总结
话秋天
关于秋天我想知道
立
秋
秋
分
处
暑
节气 32人
树叶 28人
农作物 35人
食物 27人
每年的8月7日或8日
每年的9月23日或24日
每年的8月23日或24日
身边的秋天
天气变化
衣着变化
植物变化
我知道的秋分
有趣的叶脉
微镜观察
分叉状脉
交流分享
羽状网脉
制作书签
好吃的叶子
茶
采摘
晒青
萎凋
发酵
炒青
团揉
毛茶
气候特点
传统习俗
饮食规律
制
棋
分合棋
气候特点
传统习俗
农业活动
秋游计划
我的发现

密
语
拾秋
落叶树
一篮秋物
常青树
尝秋
丰收的季节
遇稻一粒米
原来
柿子作用大
储藏小妙招
解决方法
秋天的果实
水稻之父—袁隆平
我们在行动
谈话活动
动植物的变化
北方
南方
温度下降
关于白露……
寒
露
每年的10月8日或9日
霜
降
传统习俗
饮食规律
农业活动
气候特点

- 温度测量
- 认识节气温度统计表
- 寻找秋天
- 秋天节气我想知道【立秋】

- 早秋曲江感怀【处暑】
- 露从今夜白【白露】
- 立秋和秋分的不同【秋分】
- 白露和寒露的不同【寒露】
- 霜的形成【霜降】

- 秋日纪念册
- 有趣的叶脉
- 叶绿素的秘密

尝秋

- “明星”菊花茶
- 你南我北

柿子的秘密

- 各种各样的柿子
- 揽柿子
- “柿柿”如意

遇“稻”一粒米

- 一粒米的旅行
- 水稻之父袁隆平
- 米的种类和用途
- 光盘行动

主题区域环境创设

语言区

投放秋季节气相关图书，如《二十四节气·秋》绘本及科普读物等。

创设“秋天故事角”，幼儿相互讲述收集到的故事，通过生动有趣的故事情节，激发幼儿的想象力和创造力，提高其语言表达和倾听能力。

设计与秋季节气相关的语言游戏，如“秋天词汇接龙”，通过有趣的语言游戏，激发幼儿的学习兴趣，提高其参与度，锻炼其语言表达和思维反应能力。

将幼儿自制播报稿整理成图书，引导幼儿可以在区域活动时间与同伴自由创编。

美工区

投放与秋季节气相关的自然物，如树叶、果实、树枝等，引导幼儿进行创作。

根据秋季的色彩特点，进一步丰富美工区暖色材料。

为幼儿举办秋季美工作品展示活动，为幼儿提供相互分享、交流的机会。

植物角

投放秋季常见的蔬菜、水果和特有农作物等，使幼儿能够直观地观察农作物的差异。

摆放菊花、秋海棠等植物，引导幼儿参与养护，了解植物多样性。

提供一些观察记录的工具，如放大镜、纸、笔、记录表等，鼓励幼儿观察和记录植物的叶子形状、叶脉种类并与同伴分享自己的发现。

科学区

收集秋季成熟的果实和种子，制作简单的实物模型或手工艺品，了解它们的形状、颜色和特点。提供双面胶、透明胶等，引导幼儿收集并制作种子、树叶标本。

与幼儿一起设置记录表格，引导幼儿通过操作了解“叶脉的类型”和“叶绿素的秘密”，在小组合作中尝试用自己的方式记录下实验过程及结果并与同伴分享。

提供温度计、湿度计等工具，引导幼儿观察和记录秋季的天气变化，了解季节交替对气候的影响。

提供放大镜、昆虫收集盒和记录本，引导幼儿观察秋季昆虫的活动。

投放地球仪、教学钟表等益智玩具，引导幼儿了解日照与昼夜变化的关系，知道季节变化与温度、日照息息相关。

通过拨动钟表，根据操作卡将时间记录在操作单上。结合幼儿园一日生活作息，完成作业单，并尝试合理规划自己的时间，加强幼儿时间观念。

家园共育

邀请家长参与秋季节气主题活动，了解活动的目标和内容，鼓励家长与幼儿一起探究秋季节气的自然现象。家长可以带领幼儿去公园、农田等地观察秋天，进行秋收采摘活动，帮助幼儿认识农作物、蔬菜瓜果，了解它们的生长环境，体会秋收的喜悦，培养幼儿的观察力和探究精神。

家长可以支持并帮助幼儿共同收集有关秋季节气的图片和书籍，丰富秋季节气相关知识和经验，并将书籍带到班级与同伴分享。

家长与幼儿共同收集秋天的树叶与自然物，制作秋日纪念册，增进亲子关系，培养他们的创造力和动手能力。

邀请家长与幼儿共同制作秋季节气相关美食，并汇成美食攻略。

及时收集家长的反馈意见和建议，了解他们对秋季节气主题活动的看法和感受，鼓励家长与教师进行交流和合作，共同促进幼儿的成长和发展。

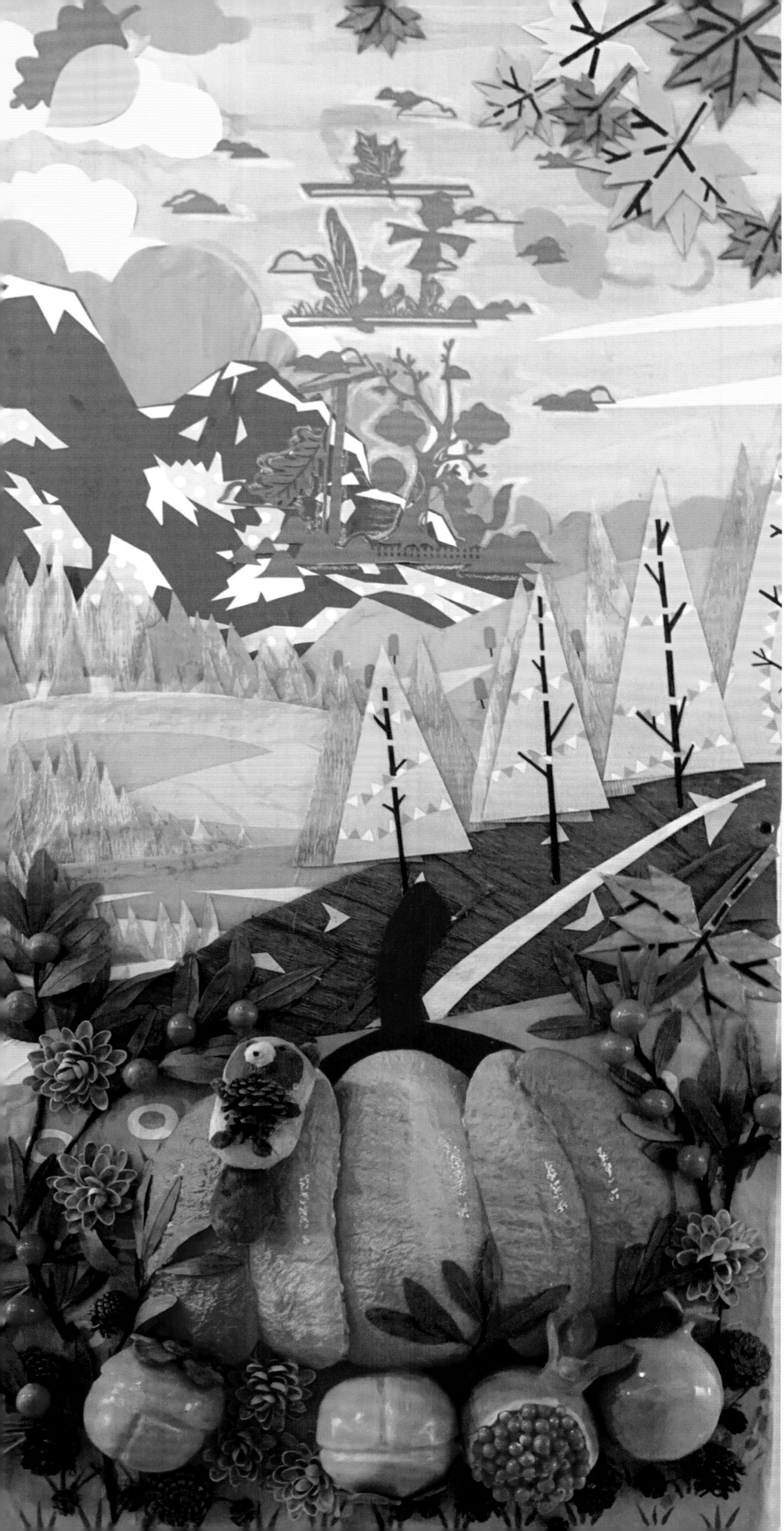

立秋

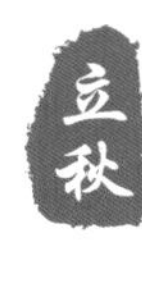

节气含义：『立』，是开始之意；『秋』，意为禾谷成熟。意为在自然界，万物开始从繁茂成长趋向成熟。

物候现象：凉风至，白露降，寒蝉鸣。

一 秋天节气我想知道

语言活动

【立秋】

活动目标

知道秋季的六个节气，并能按顺序说出节气名称。

围绕秋天的节气进行讨论，并用自己的方式记录下来。

能清楚连贯地进行表述，愿意在集体面前分享自己的想法。

活动准备

经验准备：幼儿收集并了解秋季的节气和习俗。

物质准备：课件、笔、纸。

活动过程

〔开始部分〕

谈话导入，引出秋季节气话题

【师】小朋友们都知道秋季节气有哪些习俗吗？在这些节气里我们都会做什么呢？

【幼 1】妈妈说立秋那天要“贴秋膘”。

【幼 2】秋天一共有六个节气，我记得白露和秋分。

【幼 3】还有立秋和处暑。

【师】哪位小朋友能把秋天的六个节气按照顺序说出来呢？

〔中间部分〕

1. 与幼儿梳理秋季节气活动，对幼儿提出的问题展开讨论。

【师】关于秋季节气活动你们最想知道什么呢？

【幼 1】我听妈妈说“秋高气爽”，秋天为什么“秋高气爽”？

【幼 2】处暑为什么是秋天的节气呀？不应该是夏天的吗？

【幼 3】小暑、大暑是夏天的节气，为什么秋天会有“处暑”呢？

【幼4】立秋和秋分都有秋，它俩有什么不同呢？

【幼5】白露和寒露有什么区别吗？

【幼6】为什么会有露水呢？

【幼7】立秋“贴秋膘”就是要吃肉，那秋季其他节气还有什么好吃的？

2. 幼儿根据想要了解的秋季节气活动问题自由分组，并用自己的方式记录问题。

〔结束部分〕

1. 幼儿分享想要了解的问题。

2. 总结记录幼儿想要了解的问题。

【师】今天，我们通过讨论将小朋友们想要探索的问题都记录了下来，在接下来的活动中我们将进一步探究。小朋友们也可以先思考思考如何解决提出的问题。

活动反思

我们从幼儿感兴趣的问题出发设计了本次活动，在活动开展之前，我们事先请幼儿收集了一些关于秋季节气习俗的资料，希望通过这些资料，使幼儿更好地获取到有关秋季节气的知识。在讨论过程中，幼儿能够积极表达自己的想法，以自己喜欢的方式进行记录并在班级分享。通过分享交流，教师了解到幼儿对于秋季节气的关注点。整个活动涵盖的知识内容丰富，但挖掘探究深度略显不足，之后我们会开展系列活动来寻找这些问题的答案。

▲ 主题墙一角

指导建议

活动前的准备工作充分，教师提前邀请幼儿收集相关资料，这不仅激发了幼儿参与活动的兴趣，也让他们在收集资料的过程中积累了有关秋季节气的知识，后续还便于幼儿对秋季节气进行更深入的探索，满足那些对特定问题有浓厚兴趣的幼儿的需求。鼓励幼儿将记录内容大胆与同伴分享，或者展示一些自己收集到的与秋季节气相关的物品和图片等，这将有助于增加幼儿的参与感和自信心。本次活动是一次很好的学习体验，它不仅让幼儿了解了秋季节气的习俗和文化，还培养了他们自主探究和交流分享的能力。期待未来能举办更多有意义的活动。

二 寻找秋天 科学活动

活动目标

通过记录完成调查表，进一步了解秋天的特征。

在玉渊潭公园开展小组探究活动，培养小组合作能力。

通过寻找秋天、感受秋天的美，激发幼儿对秋天的探究兴趣。

活动准备

经验准备：幼儿已经知道入秋并对秋天很感兴趣。

物质准备：调查表、笔、小组梳理表。

活动过程

【开始部分】

谈话导入，引起幼儿兴趣。

【师】前几天的活动中，我们讨论了有关秋天的话题，今天我们就来到玉渊潭公园，看看秋天都有哪些变化。

【中间部分】

明确小组任务，完成调查表。

【师】我们按照调查内容分为了植物组、天气组、人物组，各个小组根据要求在规定时间内完成调查表。

1. 同一小组小朋友要一起观察、讨论，在调查结束后进行梳理。

讲述要求：轻声向同伴讲述自己观察到的秋天的变化。

倾听要求：认真倾听同伴的讲述，并思考同伴的发现和自己的发现是否相同。

记录要求：将自己看见的变化，用喜欢的方式记录下来。

2. 每组由一名教师负责，幼儿小组内交流。

【结束部分】

1. 幼儿分享想要了解的问题。

2. 总结记录幼儿想要了解的问题。

【师】今天，我们通过讨论将小朋友们想要探索的问题都记录了下来，在接下来的活动中我们将进一步探究。小朋友们也可以先思考思考如何解决提出的问题。

活动反思

活动前带着幼儿一起游览玉渊潭公园，寻找并感受自然的美，幼儿在探究活动中与“秋天”进行零距离接触，感受天气、欣赏秋色、观察着装，在愉快的“行程”中寻找秋天。教师支持和满足幼儿通过亲近自然、直接感知和亲身经历的方式获取经验的需要。在小组学习中，幼儿尝试分工合作，使他们倾听、表达及合作能力都有明显的提升，进一步引发了幼儿想要更深入探究秋天的兴趣，并由此导入新的活动——秋天的计划。

指导建议

本次活动内容丰富，符合幼儿的年龄特点，通过观察、记录、比较等方式发现秋天的变化，帮助幼儿不断积累秋季节气知识和经验。大自然是最好的老师，引导孩子们在大自然的怀抱中学习和成长，无疑是给他们最好的礼物。建议教师支持幼儿开展长期的观察记录活动，帮助孩子们完整地记录秋天的变化。

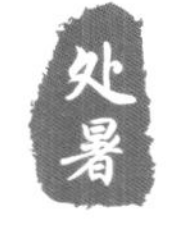

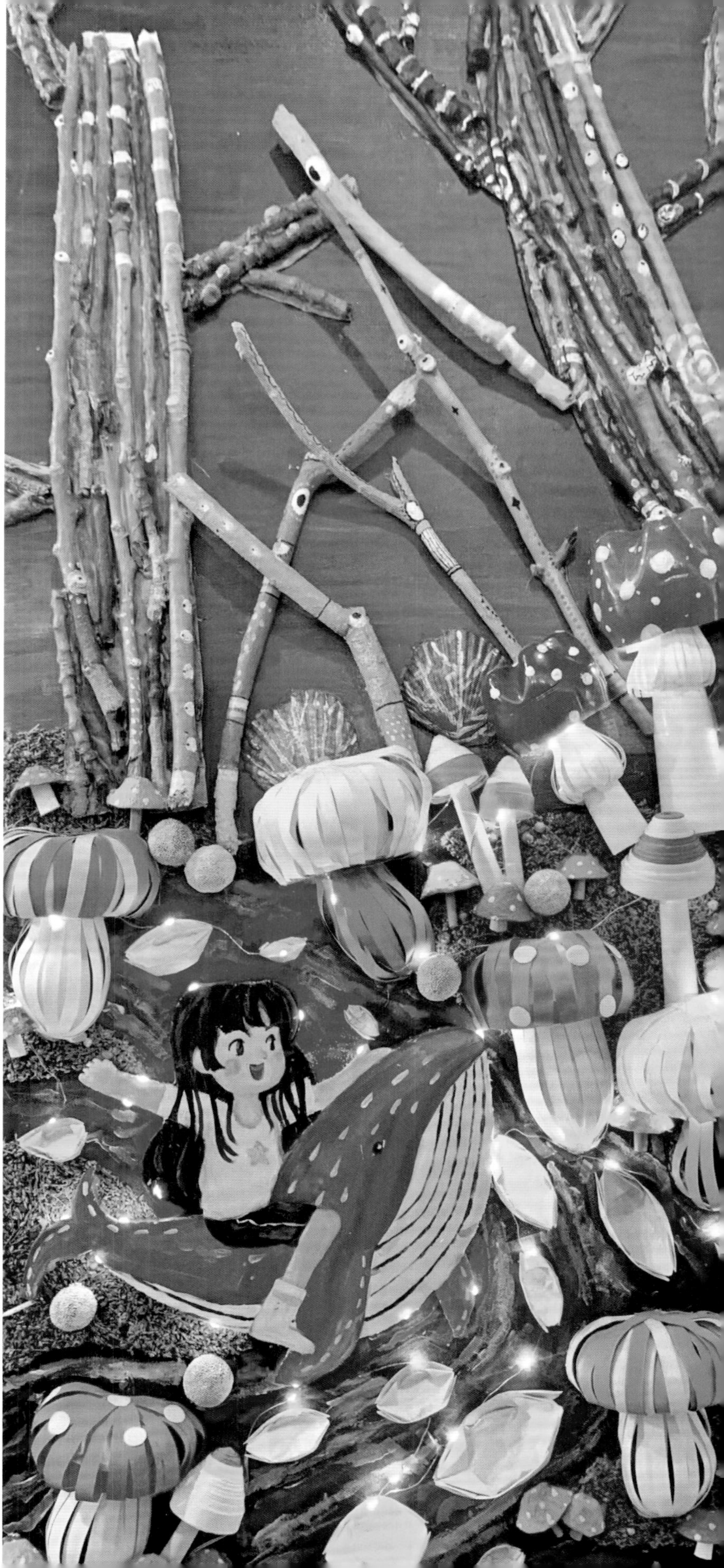

处暑

节气含义：『处』的本义是『止息』『停留』的意思。『处暑』表示酷热难熬的天气到了尾声，暑气开始消退。

物候现象：鹰乃祭鸟，天地始肃，禾乃登。

早秋曲江感怀

美术活动

【处暑】

活动目标

能根据古诗内容表现画面，尝试制作连环画图书。

在小组合作中与同伴协商、分工，共同完成连环画制作。

在集体中分享连环画的制作过程，体验合作的成功与快乐。

活动准备

物质准备：PPT、订书机、与古诗内容相关的图片、水彩笔、颜料等。

经验准备：理解《早秋曲江感怀》前四句内容，有制作连环画的经验。

活动过程

【开始部分】

回顾古诗内容。

【师】请小朋友们回忆《早秋曲江感怀》前四句，说一说都讲了什么。

【幼 1】第一句让我感觉夏天快要结束的时候，天气没有那么炎热了，很凉快。

【幼 2】“池上秋又来，荷花半成子”说的是秋天已经来了，池中的荷花已经开始凋谢，结出了莲蓬。

【幼 3】它告诉我们夏天已经过去，秋天已经来临。

〔中间部分〕

1. 引导幼儿讨论如何制作连环画。

【师】你们还记得什么是连环画吗？制作连环画需要哪几步？还要有什么？

【幼 1】连环画就是有很多图画，然后配上简单的文字，用来讲一个故事。

【幼 2】需要先想好要画哪个故事，然后画图，最后请老师或者爸爸妈妈写上文字。

【幼 3】画出来的图要和写的文字一个意思，图不能乱七八糟，要不然就看不明白故事的意思了。

2. 幼儿商量分工。（绘画、设计封面及扉页、装订）

3. 幼儿分组制作连环画，教师巡回指导。

〔结束部分〕

展示作品，引导幼儿欣赏交流。

附《早秋曲江感怀》前四句：

《早秋曲江感怀》

［唐］白居易

离离暑云散，袅袅凉风起。

池上秋又来，荷花半成子。

〔活动延伸〕

将连环画投放到班级图书区。

活动反思

幼儿对简单的古诗能比较流利地朗诵，但对古诗的背景、诗人想要表达的意境还是要利用更多时间去理解和消化。这次的《早秋曲江感怀》，教师利用幼儿前期经验作为导入，并通过提问激发幼儿学习古诗的兴趣。本次活动的重点在于感受诗人的情感和创作意境，通过小组分工使得所有幼儿都参与到创作连环画的活动中来，使幼儿能够根据自己喜欢的诗句进行大胆创作，将抽象的文字结合自己的理解用绘画的方式表达，生动展现了古诗的内容和意境，每一组都有成果和收获，符合大班幼儿的学习特点。

指导建议

通过《早秋曲江感怀》连环画制作活动，教师引导幼儿以自己理解的方式创作连环画，将古诗内容表现出来，更好地体现了幼儿对古诗内容的个性化输出。建议引导幼儿进一步深入理解古诗的创作背景和内涵、增加古诗表现的多样性，如配乐朗诵、角色表演等，激发幼儿的学习兴趣。本次活动展示了幼儿古诗学习的多种可能性，希望教师能够持续深化这种探索，为幼儿的学习和发展创造更多的机会和可能。

四 认识节气温度统计表 科学活动

活动目标

认识温度统计表，知道横坐标是日期，纵坐标是温度。

能用自己的方式在日期和温度的对应点上进行记录。

活动准备

经验准备：有过做考勤记录和天气播报的经验。

物质准备：纸、笔、抽签筒、扭扭蛋、练习单、温度记录表、温度统计表。

活动过程

【开始部分】

教师出示温度统计表，引导幼儿观察。

【师】请小朋友们观察一下你们小组的温度统计表，看看都有什么。

【中间部分】

1. 教师出示当日温度记录表，引导幼儿关注最高温度和最低温度。

2. 学习温度统计表的记录方法：教师出示温度统计表，运用交叉点数的方法与幼儿共同找到当日的温度坐标。

3. 小组操作。

（1）用游戏的方式引导幼儿操作、完成统计表。

1）幼儿根据教师指令在统计表上找出相同日期的温度坐标。

2）幼儿抽签完成不同日期的温度坐标并记录。

（2）幼儿小组分享记录结果和方法。

【幼 1】我发现统计表两边的日期更容易找到温度。

【幼 2】中间的日期要数好多格，会容易出错。

【幼 3】我们可以借助纸条，比一下就容易多了。

【结束部分】

【师】在“秋季节气我想知道”活动中，我们讨论了许多想要知道的问题，其中就有关于“温度记录”的问题。今天我们认识了温度记录表，学习了记录的方法，那我们就从明天开始记录，请小朋友们讨论一下在记录过程中需要注意什么。

活动反思

本次活动教师引导幼儿学习认识坐标，使用日期和温度相结合的记录方式来完成统计表，幼儿尝试连续记录一个月的温度情况。这样的优点是能具体形象地呈现出一个月的温度曲线，符合大班幼儿的年龄特点。在活动开展过程中，幼儿能够通过同伴之间的相互学习掌握温度统计的方法和技巧，教师能够在活动中提供支持性材料促进活动目标完成。在活动中，幼儿介绍正确完成统计表的方法，给予了他们充分的语言表达和动脑思考的机会，幼儿的主动性和积极性得到很好的发挥。

指导建议

本次活动设计使孩子们能够直观地看到温度的变化趋势，帮助他们更好地理解秋季的温度变化规律。建议在熟练记录的基础上增加天气情况记录，为尝试更多的统计活动做准备，为幼儿的学习和发展提供更多的机会和挑战。

五 温度测量

活动目标

知道水温计是测量水温的工具，初步感知水温计热胀冷缩的科学原理。

初步掌握正确使用水温计测量、记录温度的简单技能，培养测量的兴趣。

活动准备

经验准备：了解过水温计。

物质准备：幼儿人手一个水温计、记录卡、笔、冷水、温水、热水。

活动过程

〔开始部分〕

请幼儿通过观察、触摸，比较两杯水的温度。

1. 第一次比较：一杯冷水和一杯热水。

看一看、摸一摸，从而发现热水杯和冷水杯摸上去能明显感觉到温度不同，且热水杯口冒热气。

2. 第二次比较：两杯温水。

看一看、摸一摸，发现两杯温水无法通过观察和触摸等直观的方法比较温度的不同。

〔中间部分〕

1. 引导幼儿认识水温计，观察它的结构。

【师】有没有一种工具可以帮助我们测量出两杯水的准确温度呢？

【幼 1】我们可以用水温计。

【幼 2】我弟弟的洗澡盆上就有测量水温的表，水放进去指针就会动。

教师出示水温计，请幼儿仔细观察水温计，说出它的结构特征，如玻璃管子、红柱子、数字等。

2. 幼儿学习认读、记录温度。

【师】水温计里的红柱子和数字作用是什么？

【幼 1】数字是用来告诉我们温度的。

【幼 2】温度变高的时候红柱子也会升高。

※ 小结 ※ 玻璃管子上的数字是刻度，红柱子叫液柱，液柱指示的数字就是温度，我们可以用温度单位“℃”来记录，读作摄氏度（教师出示标有“℃”的卡片）。

3. 幼儿测量并记录水温。

（1）指导幼儿第一次操作，测量冷水温度并记录。

（2）指导幼儿第二次操作，测量热水温度并记录。

（3）比较两次测量结果，感知水温计热胀冷缩的工作原理。

结束部分

1. 教师引导幼儿说出小组测量时遇到的问题及解决方法。

2. 分享测量冷水和热水的结果，说说液柱的变化。

※小结※ 液柱变化的原理是热胀冷缩，我们平时量体温用到的温度计就是根据这个原理设计的。

活动延伸

在日常活动中，尝试使用各种温度计，进一步激发幼儿测量温度的兴趣。

活动反思

活动开始，教师请幼儿感知热水和冷水的温度，用实验操作吸引幼儿的兴趣，冷热温差明显的两种水，幼儿通过直接接触对比即可得到答案。但是当提供两种温度相当的温水时，幼儿就不能明显感知差异。如何准确、科学、严谨地区分出两种水的温度谁高谁低呢？这一疑问激发了幼儿想要迫切地解决问题、找到答案的探索欲。活动中所有的幼儿都十分投入和专注，他们认识了水温计，了解了水温计遇热水红柱子会上升的现象，通过动手动脑，满足了好奇心和求知欲，得到了科学的答案。

指导建议

本次活动通过实验操作，让幼儿通过直接接触来对比热水和冷水，从而感知温度的差异，这是一个非常直观且有趣的方式。然而，教师注意到，当提供两杯温度相当的温水时，孩子们无法明显感知差异，这就说明在温度的区分上需要更加准确、科学和严谨。此时，水温计的出现不仅解决了这个问题，还引导幼儿了解了水温计遇热水红柱子会上升的科学现象，幼儿通过自己的探索和尝试，得到了科学的答案。这次关于感知热水和冷水的温度活动是一次非常成功的教学尝试。建议教师支持幼儿在区域活动中利用水温计测量水培植物、鱼缸里的水温，满足幼儿在日常生活中的测量尝试。

白露

节气含义：秋属金，金色白，以白形容秋露，故名『白露』。『白露』是反映自然界寒气增长的重要节气。天气渐渐转凉，寒生露凝，昼夜温差逐渐拉大。

物候现象：鸿雁来，玄鸟归，群鸟养羞。

露从今夜白

艺术活动

【白露】

活动目标

知道大雁在白露节气开始南飞的现象。

能够根据大雁南飞的队形变化特点进行绘画创作，掌握水油分离的绘画方法。

乐于参与绘画创作，并能用生动的语言将自己的作品与同伴进行交流分享。

活动准备

经验准备：前期已经了解白露的节气特征和民间习俗。

物质准备：白露节气视频、水粉纸、水粉颜料、油画棒、画纸等。

活动过程

【开始部分】

播放白露节气视频，引导幼儿观察大雁在飞行时的队形变化。

【师】在视频中，小朋友们听到了什么？看到了什么？

※ 小结 ※　大雁在白露节气开始南飞。

【师】大雁都有哪些明显的特征呢？

【幼 1】大雁的羽毛是棕色的，脖子长长的。

【幼 2】大雁的头上有一块地方是白色的。

【幼 3】它们的脚是红色的。

【师】大雁在南飞的时候，队列都有哪些变化呢？

【幼 1】大雁在天上飞的时候都是好多在一起的。

【幼 2】大雁有时候会变成一条横着的线，有时候会变成“人”字形。

〔中间部分〕

1. 教师介绍绘画材料和方法。

绘画要求：明确绘画对象的主要特征，选择适宜的绘画材料，先用油画棒画好画面，再用水粉颜料涂上背景色。

2. 幼儿介绍自己的绘画思路。

【幼 1】我要先用油画棒画出大雁的轮廓，再画头和身体，用深色和浅色来画羽毛，最后用黄色的油画棒画出太阳，然后用水粉颜料涂上蓝色的天空，我还想在天上多画几只大雁，让它们都有小伙伴。

【幼 2】我想把大雁画得特别好看。我要用油画棒仔细地画大雁的羽毛和眼睛，让它看起来像真的一样。画完大雁我要用蓝色和白色的油画棒画出天空和云朵，最后用水粉颜料涂色。

【幼 3】我想画“人”字形的大雁，还有高高的山和绿绿的湖水，好像它们真的要一起去南方过冬了。最后，我会用水粉颜料涂上背景色，让我的画变得更好看。

3. 幼儿绘画，教师巡回指导。

注意绘画布局、合理安排画面结构，提醒幼儿注意水油分离，水粉颜料和油画棒先后的用法。

〔结束部分〕

幼儿展示绘画作品，同伴进行欣赏和点评。

活动反思

本次活动取得了很好的效果，孩子们在轻松愉快的氛围中了解了白露节气的特点和大雁南飞的现象，并掌握了水油分离的绘画方法。活动中，教师引导幼儿观察大雁队形变化，丰富了幼儿关于大雁南飞的知识。活动后教师可以将幼儿的绘画作品进行展示，让每个幼儿都有机会介绍自己的作品，表达想法和感受，更好地激发他们的创作欲和自信心。

指导建议

本次活动，教师引导幼儿在绘画创作中注重意境的渲染和体现，为他们的艺术创作增加了新技能。建议教师更多地关注幼儿对同伴作品的点评，在点评的过程中既肯定同伴作品的优点，也能提出建设性意见，促进幼儿相互学习和绘画技能的提升。

七 秋日纪念册 美术活动

活动目标

学习用树叶进行创意粘贴，并能适当添画，丰富画面。

体验创作过程中的乐趣和成功后的喜悦。

活动准备

经验准备：前期欣赏过树叶粘贴画作品，小组已确定好粘贴主题。

物质准备：幼儿收集的树叶若干、胶水、纸盘、彩笔、剪刀、彩纸、卡片纸、线等。

活动过程

〔开始部分〕

回顾树叶创意作品，调动幼儿前期经验。

【师】之前我们欣赏过许多树叶创意作品，谁还记得都有什么？

1. 讨论创作内容，激发幼儿创作兴趣。

【师】今天我们就用小朋友们自己收集的树叶来制作创意作品，你们想做什么呢？都需要什么材料呢？

【幼 1】我想用树叶制作一只蝴蝶，因为蝴蝶很漂亮。需要树叶、剪刀、胶水和彩纸。树叶可以做蝴蝶的翅膀，彩纸可以用

来做触角，胶水用来把蝴蝶的各个部分粘到一起。

【幼 2】我想用树叶做一个小书签。需要树叶、一根线和一个卡片纸。树叶可以用来做书签的装饰，线用来穿过书签，卡片纸用来写上我的名字。

【幼 3】我想用树叶制作一条草裙，可以穿上跳舞。我需要一些大的和细长的树叶，裙子上都是用不同大小和形状的树叶拼出来的图案，还有一些细绳和小珠子，用来装饰草裙。

2. 教师出示材料，幼儿自主选择。

3. 幼儿操作，教师巡回指导，鼓励幼儿创作出不同的作品。

【结束部分】

幼儿分享作品的创作思路及过程。

【幼 1】我用剪刀把树叶都剪成了椭圆形，粘贴白雪公主的裙子。

【幼 2】我先画了一个美丽的花盆，用绿色的大树叶粘出了仙人掌的形状，用黑笔画出仙人掌的刺，还画了仙人掌的花朵。

【幼 3】我用银杏叶和小果子拼出了舞蹈小人，我想把我和好朋友的照片贴上去。

活动反思

今天的树叶粘贴画活动是一次别具一格的秋日纪念册制作活动，它既是对秋天的怀念，也是对幼儿创造力的一次考验。在活动开展之前幼儿欣赏了大量的树叶创意作品，因此幼儿对本次创作内容充满了热情，利用收集到的树叶进行自由创作，他们用树叶粘贴出了花篮、花束、服装、拼贴画等不同的作品。教师巡回指导时，鼓励幼儿尝试不同的创作方法，引导幼儿在操作摆弄中不断进步，在创作过程中不仅感受到了秋天的美丽，也锻炼了动手能力，提高了创造力。

▲ 主题墙一角

指导建议

教师在活动开展之前能够关注到幼儿的前期经验对于创作活动的成功开展至关重要，活动中幼儿的参与度较高。建议教师在今后的活动中，能够根据幼儿不同的发展水平进行针对性的指导，鼓励幼儿大胆选择新的材料，运用新的方法进行创作。教师也可以设计一些更具趣味性的创作主题，如动物、人物等，进一步激发孩子们的创作和活动参与热情。

八 有趣的叶脉 科学活动

活动目标

通过观察，认识不同类型的叶脉，知道常见叶脉的三大类（网状脉、平行脉、叉状脉）。

能用多种方式记录自己的观察结果，并用流畅的语言表达出来。

活动准备

经验准备：有小组观察记录经验，有拓印（使用白纸、铅笔）和正确使用放大镜等实验工具的经验，了解叶子的结构。

物质准备：网状脉、平行脉、叉状脉叶子若干，叶脉图片，铅笔，白纸，放大镜，记录表。

活动过程

【开始部分】

问题导入，引起幼儿兴趣。

【师】小朋友们还记得叶子是由哪几部分组成的吗？

【幼】叶片、叶脉、叶柄。

【师】所有的叶脉都是一样的吗？请小朋友们仔细观察桌子上的叶子，并将自己的发现记录下来。

【中间部分】

1. 幼儿自行分组，小组内进行分工，明确操作内容（观察、记录、发言）。

2. 小组内观察并用拓印、绘画的方式及时记录观察结果。

3. 引导幼儿观察自己所拓印和绘制的叶脉。

【师】它们的花纹分别像什么？可以分成几种？

【幼 1】我的银杏叶花纹像小裙子。

【幼 2】我的叶子花纹像手掌一样，有好多好多线。

【幼 3】我的叶子花纹像蜘蛛网。

【幼 4】我觉得可以分成两种，一种是竖着横着的，另一种是乱七八糟的。

4. 小组展示自己的记录结果，归纳叶脉的特征并尝试分类。

5. 教师出示叶脉图片，小组进行对比后归类。

※ 小结 ※ 叶脉有很多种类型，有叉状脉（银杏叶）、平行脉（竹叶）、网状脉（梧桐叶、垂柳叶、杨树叶）等。

6. 叶脉分类游戏。

教师出示任意一种叶脉类型图片，幼儿根据图片在桌子上寻找叶脉与之一样的叶子。

结束部分

【师】今天我们了解了常见的三种叶脉类型，其实大自然中还有其他类型的叶脉，你们可以在生活中尝试利用多种方式（多媒体、书籍等）进行收集，继续探索，并且将探索结果与同伴进行分享。

活动反思

本次活动不仅使幼儿了解了叶子的结构，更激发了他们对自然的探索兴趣。开始部分，教师引导幼儿回忆叶子的结构，为接下来的观察和记录做好准备。中间部分，通过小组探索和集中交流，让幼儿在观察、记录、表达的过程中，逐渐认识到不同类型的叶脉，并归纳出它们的特征。过程中教师还设计了叶脉分类游戏，引导幼儿在游戏中进一步巩固所学知识。结束部分，教师鼓励幼儿继续探索大自然中其他类型的叶脉，并将自己的新发现与同伴分享，激发了幼儿继续探索自然的好奇心。

▲ 主题墙一角

指导建议

《3–6 岁儿童学习与发展指南》指出，教师要有意识地引导幼儿观察周围事物，学习观察的基本方法，培养观察与分类能力。本次活动，教师尊重幼儿的思维方式，引导幼儿对不同类型的叶脉进行观察，以拓印和绘画的形式找出叶脉的不同并进行分类，进一步激发幼儿探索叶子秘密的兴趣，为接下来的活动起到支持和铺垫作用。建议教师在后续活动中提供更多种类的叶子供幼儿观察、比较、分类。

九 叶绿素的秘密 科学活动

活动目标

通过操作实验发现树叶里的叶绿素，知道叶子变色与叶绿素有关。

能够用自己的方式完成实验记录单。

能相互交流探索过程，激发幼儿积极探索的愿望。

活动准备

经验准备：知道树叶有叶绿素。

物质准备：绿色树叶若干、木棍、剪刀、玻璃杯、水、酒精、纸巾、记录单。

活动过程

【开始部分】

谈话导入，引导幼儿进行实验猜想。

【师】小朋友们，你们知道秋天的树叶为什么会变黄吗？

【幼1】因为到了秋天天气变冷了，叶子就变颜色了。

【幼2】不对，是因为树叶本身有叶黄素和叶绿素，太阳照的时间短，叶黄素越来越多，把叶绿素给盖住了！

【师】今天我们来做一个提取叶绿素的实验。

【中间部分】

1. 教师出示实验材料与记录单，介绍实验材料及方法。

2. 幼儿自由分组后进行猜想。

【师】你认为哪一种液体能够提取出叶绿素？

【幼1】酒精。

【幼2】我觉得水可以提取叶绿素。

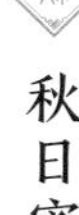

3. 幼儿进行实验操作，并记录实验结果。

幼儿将树叶剪碎，分别放进装着水和酒精的杯子里，用木棍搅拌后将纸巾放进水里，看看纸巾会有什么变化。

【结束部分】

小组分享实验结果。

※ 小结 ※　叶绿素可以溶于酒精，把绿叶剪碎后，叶绿素会跑到酒精里，所以酒精也变成绿色了。而叶绿素几乎不溶于水，所以水的颜色基本没有变化。

活动反思

本次活动教师以实验猜想的方式激发幼儿兴趣和好奇心。实验操作过程中，教师鼓励幼儿独立实验，观察哪种液体能够提取叶绿素，并引导幼儿将自己的实验过程记录下来，加深对叶绿素的认识。幼儿在活动中认真投入并能清晰地分享实验过程。同时，教师也应该更加注重与幼儿的互动和交流，了解他们的想法和困惑，给予他们更加有针对性的指导和帮助。

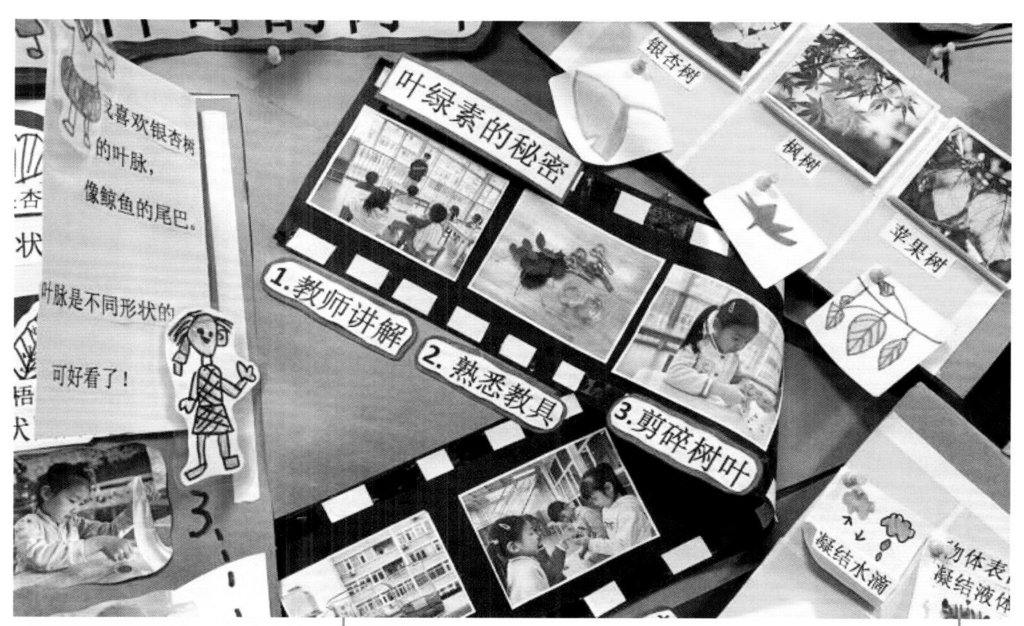

▲ 主题墙一角

指导建议

《3-6 岁儿童学习与发展指南》指出，幼儿科学学习的核心是激发探究兴趣，体验探究过程，发展初步的探究能力，教师要善于发现和保护幼儿的好奇心，充分利用自然和实际生活机会，引导幼儿通过观察、比较、操作、实验等方法，学习发现问题、分析问题和解决问题；帮助幼儿不断积累经验并运用于新的学习活动，形成受益终身的学习态度和能力。本次活动幼儿认真、专注，通过科学实验获得了有关叶绿素的知识经验。建议教师在之后的活动中提供更多种类的液体和工具，让幼儿有更多的选择和探索机会，激发他们的好奇心和探索精神。

秋分

节气含义：『分』即为『平分』『半』的意思，除了指昼夜平分外，还有一层意思是平分了秋季。

物候现象：雷始收声，蛰虫坯户，水始涸。

立秋和秋分的不同

语言活动

【秋分】

活动目标

通过物候、习俗等方面的对比，知道立秋与秋分的区别。

愿意与同伴分享，能够用自己喜欢的方式进行记录。

活动准备

经验准备：幼儿有对温度、天气及落叶的持续观察经验。

物质准备：秋分节气视频、记录表、记录笔等。

活动过程

〔开始部分〕

回顾立秋节气的前期经验。

【师】小朋友们对立秋已经有了一定的了解，谁还记得立秋都有什么习俗？温度是什么样的？（出示温度记录表）

【幼 1】立秋的习俗有贴秋膘、啃秋。

【幼 2】立秋之后天气会慢慢变冷。

【幼 3】早上和晚上的温度差很多。

〔中间部分〕

1. 观看秋分节气视频并讨论。

【师】谁来说说秋分视频中都有哪些内容？它和“立秋”有什么不同？（讨论重点）

【幼 1】秋分的习俗有祭月、拜神、吃秋菜等。

【幼 2】立秋的时候温度比秋分时候要高一点。

【幼 3】秋分的时候下雨的天数变少了。

2. 幼儿分组讨论，完成记录表。

【结束部分】

幼儿代表分享，教师与幼儿共同梳理秋分节气的特点。

※小结※　立秋和秋分的区别主要体现在昼夜长短、温度变化，以及民间习俗的不同。

活动反思

通过这次活动，幼儿不仅了解了立秋和秋分的区别，还能对物候、习俗等方面进行对比和分析。教师引导幼儿学会了如何在小组内进行交流探讨。幼儿深入地了解到这两个节气中各种活动对人们生活方式的影响，知道立秋意味着夏天的结束，秋天的开始。秋分则意味着天气逐渐变冷，因此人们会更加注重保暖和饮食调养。幼儿在活动中通过记录、对比、梳理提高了分析、归纳和总结的能力。

指导建议

本次活动内容体现了大班幼儿的活动化共同学习的特点，教师运用小组记录、梳理总结的形式，帮助幼儿获得有价值的知识经验。建议教师进一步了解幼儿的兴趣需求，尊重并接纳幼儿的想法，在小组讨论和记录的过程中充分发挥幼儿主体性。还可以通过设计有趣的互动游戏和挑战，激发幼儿的学习兴趣和积极性。让幼儿在玩中学，学中玩，既提高了学习效率，又增加了学习的乐趣。

 “明星”菊花茶 食育活动

活动目标

了解赏菊、饮菊是传统节日重阳节的重要习俗之一。

幼儿自制菊花茶，以小组的形式将过程记录下来。

知道菊花文化源于中国，激发幼儿对传统文化的兴趣，提升幼儿的民族自豪感。

活动准备

经验准备：有观察和分类的经验。

物质准备：不同品种的菊花、枸杞、冰糖、茶具、记录表、记录笔、菊花介绍视频。

活动过程

【开始部分】

谈话导入，引起幼儿兴趣。

【师】小朋友们，你们知道重阳节都有哪些民俗活动吗？

【幼】登高、赏菊、吃糕等。

【师】菊花文化源于中国，古人爱菊、咏菊、画菊或借菊抒情，菊花的种类和用途也很多，主要有观赏、食用、药用及茶用。今天我们就来一起做菊花茶吧。

〔中间部分〕

1. 幼儿观察菊花茶的原料——菊花、枸杞、冰糖。

2. 教师介绍记录表。

【师】请小朋友们把每次选用的原料数量填写在记录表中，每个小组可以记录三次配方。组内选出口感最佳的菊花茶。

3. 幼儿分组制作菊花茶。

（1）幼儿操作，教师巡回指导。

（2）小组内评选并为菊花茶取名。

4. 小组代表介绍本组菊花茶配方。

【幼 1】我们的配方是 1 朵菊花、1 粒枸杞和 1 块冰糖，这种配方可以让菊花的苦味和枸杞的甜味结合起来，喝起来更好喝，冰糖还有止咳的功效，加 1 块刚刚好。

【幼 2】我们放了 2 朵菊花、1 粒枸杞和 1 块冰糖。放 2 朵菊花喝起来会更加清新，枸杞可以让茶变得更香，冰糖可以让菊花尝起来不那么苦。

【幼 3】我们的配方是 3 朵菊花、2 粒枸杞和 1 块冰糖。菊花茶对人有好处，多放几朵菊花能让人们喝了越来越健康。

5. 集体评选出“明星”菊花茶。

〔结束部分〕

【师】小朋友们已经选出了“明星”菊花茶，那在重阳节这天，你想把好喝的菊花茶送给谁呢？

【幼】我想送给爷爷奶奶、姥姥姥爷……

【师】那送给他们的菊花茶要注意什么呢？

【幼】要少放糖或不放糖。

注：根据幼儿选票结果，教师注意提醒幼儿适量摄糖。

【活动延伸】

拓展关于菊花的运用礼仪。

活动反思

敬老爱老是中华民族传统美德，源远流长。为弘扬中华民族敬老爱老的传统美德，培养孩子们感恩祖辈的情怀，教师结合一年一度的传统节日——重阳节，设计了本次活动。活动中幼儿自己调配菊花茶，利用教师提供的记录表，幼儿将自己的配方记录下来并冲泡对比，选出小组内口感最好的菊花茶再到各小组进行推荐。经过幼儿层层推选，最终找到了大家认为口感最好的菊花茶。在分享环节，幼儿进一步将菊花茶按照浓淡、有糖、无糖进行包装区分，同时引导幼儿注意摄糖的健康知识。幼儿在区域中继续进行菊花茶的配比活动，并将自己制作好的菊花茶送给家中长辈及园内老师。通过本次活动，孩子们知道了饮菊是传统节日重阳节的重要习俗之一，能够让孩子们更好地了解中国的茶文化，同时培养他们的传统美德和文化自信。

指导建议

教师将节日活动与节气知识有效结合，别出心裁地设计了此次活动。活动以幼儿为主体，给予幼儿充分探索和表达的机会，幼儿能够自主配制菊花茶并根据他们自己的喜好选出“明星”菊花茶，充分体现了教师设计活动的层次性、有效性。建议教师在后续活动中，可以引入不同种类的菊花茶及冲泡方法；也可以在班级内创设泡茶、饮茶区，满足幼儿对茶文化的探索兴趣需要。

寒露

节气含义：寒露与白露节气相比，气温下降了很多，寒生露凝，因而称为『寒露』。

物候现象：鸿雁来宾，雀入水为蛤，菊有黄华。

白露和寒露的不同

语言活动

【寒露】

活动目标

能够从物候和习俗两方面将白露和寒露进行对比，丰富节气相关的知识。

能够在活动中大胆讨论并提出自己对白露和寒露节气的疑问。

活动准备

经验准备：了解白露节气物候和习俗等方面的知识。

物质准备：寒露节气视频。

活动过程

谈话导入，区分白露与寒露。

【师】在秋天的节气里有两个“露”，你们知道分别是哪两个节气吗?

【幼】白露和寒露。

【师】它们分别是秋天的第几个节气呢?

【幼】白露是第三个！寒露是第五个！

【师】让我们来看一下除了名字和时间顺序不同外，它们还有哪些不同?

1. 回顾白露的相关知识。

【师】白露都有什么习俗?

【幼 1】白露的习俗有收清露、喝白露茶，还有酿五谷酒。

【幼 2】白露时还会祭祀大禹。

2. 观看寒露节气视频。

【师】谁来说说寒露都有哪些特点？它和白露有什么不同？（教师与幼儿共同梳理进行对比）

【幼 1】寒露有登高、吃梨、喝菊花茶、收山楂的习俗。

【幼 2】寒露的时候，早上露水会变多，天气会越来越冷。

【结束部分】

“寒露收山楂，霜降刨地瓜”，教师与幼儿一起采摘幼儿园的山楂。

活动反思

白露和寒露字面都带有“露”字，激发了幼儿的好奇心。两个节气都有“露”字，它们一样吗？教师根据幼儿的提问设计了本次活动。活动中幼儿从两个节气的物候、习俗、温度等方面进行了对比，幼儿前期已经对白露节气有了一定了解，因此活动中以回顾为主，将重点放在了认识寒露节气上。活动中教师为幼儿提供充分的讨论空间，并与幼儿共同梳理，将两个节气进行对比，从而巩固并加深幼儿对节气活动的认识。

指导建议

本次活动从幼儿的问题出发，教师能够从幼儿的提问中捕捉教育价值，运用节气对比的方式引导幼儿获得节气的相关知识经验。通过对比两个节气的异同，不仅满足了幼儿的好奇心，也让他们在轻松愉快的氛围中了解了节气文化知识。建议教师继续了解幼儿的兴趣和需求，进一步开展相关体验活动，如通过角色扮演或其他类型游戏等有趣的方式，引导幼儿能够从亲身体验中学习和感受节气文化的魅力。

十二 你南我北 语言活动

活动目标

学会用对比的方法大胆表达南北方饮食的不同，丰富知识经验。

品尝有代表性的南北方美食，感受中国美食丰富多样的特点。

活动准备

经验准备：有与父母谈论自己家乡特色美食的经验。

物质准备：南北方美食介绍视频，南北方代表性美食，有划分南北方的中国地图。

活动过程

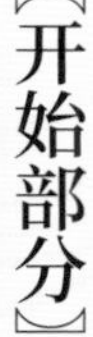

谈话导入，引入主题。

【师】小朋友们，你们知道自己的家乡在哪里吗？属于南方还是北方呢？

【幼 1】我的老家是北京的，属于北方。

【幼 2】我爷爷的家在河北，是北方。

【幼 3】我的老家在浙江，是南方。

〔中间部分〕

1. 出示划分南北方的中国地图，引导幼儿讨论南北方的划分方法。

【师】你们知道南方和北方是怎么划分的吗？

【幼 1】爸爸妈妈和我说过，南方和北方是根据秦岭—淮河来划分的，这是中国的一条重要的分界线。

【幼 2】我在绘本馆的中

国地图上看到过，南方气候很湿润，而北方气候很干燥，它们可以用气候区分。

【幼 3】南方到了夏天会有梅雨季节，天天下雨，但是北方没有。

※ 小结 ※　地图上蓝色部分是北方、绿色部分是南方。中国根据秦岭—淮河划分南方和北方，秦岭—淮河以南是南方，秦岭—淮河以北是北方。

2. 幼儿观看视频，了解南北方饮食差异。

【师】请小朋友们认真观看视频，把自己喜欢的美食记录下来，一会儿进行分享。

【幼 1】北方的主食是面食，有面条、包子、饺子，还有各种花样的很好看的馒头。

【幼 2】南方的主食是大米，大米软软的、甜甜的，很好吃。

【幼 3】北方吃甜月饼，里面有好吃的豆沙馅，吃起来软软糯糯的，南方吃咸味的月饼，里面有肉和咸蛋黄。

【幼 4】妈妈说我们过年的时候一定要吃水饺。

【幼 5】我们吃的是咸豆腐脑，咸豆腐脑里面放了很多佐料，咸咸的很好吃，南方吃甜豆腐脑，里面会放上很多白糖。

【结束部分】

幼儿品尝有代表性的南北方美食。

活动反思

在本次美食品鉴活动中，幼儿通过对比交流、美食品尝等方式感受我国南北方美食口味上的差异，活动过程轻松愉快。幼儿前期与家长共同讨论家乡的特色美食，增强作为中国人的归属感、认同感，促进亲子交流的同时也让家长参与到幼儿教育中，实现了家园共育、共同成长。

指导建议

教师通过美食品鉴会引导幼儿区分南北方，了解南北方美食文化的差异，加深了幼儿对地域文化的认识和理解。在本次活动的基础上，教师继续深化活动内容，如增加更多种类的南北美食供幼儿品尝，或开展美食周、美食月活动，能引导幼儿更全面地了解我国美食的多样性。

 各种各样的柿子 科学活动

活动目标

认识不同种类的柿子，通过观察、比较，用图画、符号等方式记录不同柿子的特征。

能用流畅的语言表述自己的发现，体验合作探究的乐趣。

活动准备

经验准备：前期与他人谈论过关于柿子的话题。

物质准备：巧克力柿子、磨盘柿子、金钱柿子、火葫芦柿子、火晶柿子、脆甜柿子、记录表。

活动过程

〖开始部分〗

1. 谜语导入：树上挂着小灯笼，绿色帽子盖住头，身圆底方甜爽口，秋天一到满身红。

2. 引发幼儿对柿子的讨论。

【师】你们都吃过哪种柿子？

【幼1】我吃过冻柿子。冻柿子是把熟透的软柿子放到冰箱里冻得硬硬的，吃起来像冰激凌。

【幼2】我最喜欢吃脆柿子，很甜很脆。

【幼3】我吃过柿饼，它是把柿子放在太阳底下一直晒一直晒，最后晒成柿饼，吃起来软软的，特别甜。

※ 小结 ※　中国是世界上产柿最多的国家，柿子品种特别多，有300多种。

〖中间部分〗

1. 观察不同品种柿子的外形特征。

【师】请小朋友们观察，这些柿子有什么不同？

【幼 1】颜色不一样，有红色的，还有橙色的。

【幼 2】大小也不一样，有的柿子比我的手掌还大。

【幼 3】有的柿子戳起来硬硬的，有的软软的。

2. 通过连连看（或其他形式）游戏，知道柿子的名称。（教师请小朋友猜想、判断柿子的正确名称）

3. 幼儿分组探究柿子的内部结构。

（1）幼儿分为三组，每组分配两种柿子。

（2）引导幼儿观察柿子的横、纵切面，用喜欢的方式记录。

（3）小组代表分享柿子的颜色、外形、内部构造等特征。

【幼 1】巧克力柿子果实里有黑点点，纹路像花瓣一样。

【幼 2】金钱柿子像个铜钱一样，中间有个圆心。

【幼 3】脆甜柿子果实内部有八个果瓣，中心像太阳公公。

【幼 4】火晶柿子切开里面有点像橘子。

【幼 5】火葫芦柿子中间像蒲公英一样好看。

（4）教师与幼儿共同梳理并汇总六种柿子的特征。

〔结束部分〕

品尝柿子。

活动反思

柿子这一典型的北方秋季水果因其艳丽、圆润的外观及甜丝丝的味道受到很多人的喜爱。正值柿子成熟季节，红彤彤的柿子挂满枝头，在蓝天的映衬下格外好看，成功地吸引了幼儿的目光。教师提供了外形、大小、味道不同的柿子，激发了幼儿探究的兴趣，通过看、摸、尝及做连连看游戏的方式，让幼儿充分认识、了解了柿子的外形特征和内部结构的不同，更加喜欢柿子。活动中幼儿始终积极参与，乐于与同伴、教师分享自己的发现，体验到探究活动的乐趣。

指导建议

本次活动教师给予幼儿充分的探究机会，引导幼儿从横、纵切面观察和对比柿子内部结构的不同，引发幼儿在科学探究中对柿子内部结构相同与不同点的对比、记录和描述，培养幼儿细致、严谨的科学态度，锻炼了幼儿的逻辑思维能力和总结归纳能力。幼儿在活动中能够积极参与、乐于分享，充分体验了探究活动的乐趣，收获的不仅是有关柿子的知识，更是对生活的热爱。

十五 揽柿子 科学活动

活动目标

知道揽柿子的不同方法，发现不同条件下柿子的变化。

能持续观察和记录柿子的变化过程。

乐于参与科学活动，体验科学实践的喜悦。

活动准备

经验准备：简单了解柿子的品种。

物质准备：揽柿子活动方案及材料、记录表、记录笔。

活动过程

【开始部分】

教师介绍揽柿子的方法。

温水浸泡法：采收后的柿子浸泡在清洁的温水内，水温及浸泡时间要根据采收时柿子的成熟度而定。很生的青果，水温应保持在 40 ~ 50 ℃，浸泡 18 小时以上可脱去涩味；黄熟期的柿子，水温应保持在 25 ~ 30 ℃，浸泡 15 ~ 16 小时即可脱涩。

塑料袋脱涩法：将采收的柿子装入严密的塑料袋中，扎紧口，在 20 ~ 25 ℃的条件下，2 天后即可脱涩。

果实混装脱涩法：将采收后的柿子与少量苹果、梨、山楂等果实混装在密闭的容器里，在室温下放置 4 ~ 7 天即可脱涩。

酒精脱涩法：将采收后的柿子分层装入密闭的容器杯，每层柿子果面均匀喷洒一定量浓度为 35% 的酒精，容器装满柿子后密封，在 18 ~ 20 ℃条件下放置 5 ~ 6 天即可脱涩。最好在用于脱涩的酒精中加入适量醋酸。

【中间部分】

1. 幼儿选择喜欢的揽柿子方法进行操作并记录。

记录之前先猜想哪种脱涩方法最快，至少选择两种方式进行实验，总结出催熟最快的方法，并验证结果。

2. 幼儿将揽柿子的实验结果和记录表与同伴分享。

〔结束部分〕

幼儿与同伴共同品尝揽好的柿子。

活动反思

孩子们在充分认识柿子外形特征，品尝过不同品种柿子的味道后对“揽柿子”活动充满兴趣，在制订活动计划时主动参与，选择自己喜欢的揽柿子方式。这项活动也得到家长们的广泛支持，他们和孩子们一起探索揽柿子的方法和技巧，观察柿子的变化过程，记录实验结果，最后品尝自己的劳动果实，加强了教师、幼儿、家长之间的密切联系。

指导建议

《幼儿园教育指导纲要（试行）》指出，家庭是幼儿园重要的合作伙伴。通过“揽柿子”活动，可以看出教师尊重幼儿的兴趣点，邀请家长参与班级活动、了解班级活动的目标，做到家园目标一致，体现了家园有效协同的特点。

十六 “柿柿”如意 美术活动

活动目标

观察柿子的外形特征，说出柿子由果肉、果柄、萼片儿部分组成。

能够用浓墨中锋画出树枝，涮笔后用柿红色中锋左右两笔画出柿子和萼片。

幼儿能够大胆地创作柿子水墨画，有正确的作画习惯。

活动准备

经验准备：有画水墨画的经验。

物质准备：墨汁、毛笔、柿红色的颜料、宣纸等绘画工具、柿子实物。

活动过程

幼儿观察柿子，发现明显外形特征。

【师】请小朋友们观察桌面上的柿子，说一说柿子的外部特征。

【幼 1】柿子是椭圆形的，有点扁。

【幼 2】柿子是橙色的。

【幼 3】柿子上面有一个把儿。

※ 小结 ※　柿子的外部特征是呈微扁的椭圆形，外表是橙色的，柿子的顶部长的并不是叶子，而是柿子蒂，柿子的果实通常会一对对地长，也会单独长出一个。

〔中间部分〕

1. 幼儿小组讨论，并发表自己的想法。

【师】请小朋友们根据刚才的观察，说一说你会用哪种笔锋画柿子图？为什么？

【幼 1】我觉得应该用侧锋和中锋来画树枝，因为我们之前学过画树枝的方法。

【幼 2】我觉得叶子可以用中锋画，两笔就可以画完。

【幼 3】我觉得画柿子的时候，蘸取颜料以后用侧锋画，两笔就可以完成。

※ 小结 ※　画柿子最适合用侧锋，用侧锋画是画柿子最简单的方法，用侧锋画柿子的时候要注意柿子的形状特点，把它画成元宝的形状，这样画出来的柿子会很圆、很饱满。

2. 幼儿梳理画柿子的技巧及注意事项。

【师】请大家说一说画柿子需要注意什么？

【幼 1】要注意不能蘸太多的水，不然颜色就都晕开了。

【幼 2】要注意颜色的搭配，画柿子的位置不能太近也不能太远。

【幼 3】调颜色时用藤黄和曙红进行调色，然后再用笔尖轻蘸一点曙红，画出来的柿子颜色就是渐变的。

【幼 4】柿子还有柿子蒂，我们可以用小的毛笔蘸取黑墨，点几个点就可以了。

3. 幼儿自主绘画，教师巡回指导。

【结束部分】

1. 幼儿交流分享作品。

2. 作品完成后收拾桌面，归纳物品。

活动反思

通过认识柿子、揽柿子活动的开展，孩子们对柿子更加喜爱，也愿意把他们喜爱的柿子用绘画方式表现出来。本学期幼儿在班级中创设了水墨区，所以幼儿也尝试用国画的形式表现自己喜欢的柿子。幼儿在前期国画经验的基础上学习柿子画法，感受到了水墨画柿子的表现特点和意境美，审美能力得到培养，也体验了国画的魅力。

指导建议

幼儿通过亲身体验不仅对柿子有了更深入的了解，也在绘画柿子的活动中提升了国画创作技能和审美能力。后续教师可以进一步支持幼儿的国画创作兴趣，开展更多有趣、有益的美术活动，为幼儿提供更多表现和展示机会，如带领幼儿参观画展或为幼儿举办作品展，拓宽幼儿视野，丰富幼儿认知经验，提高其自信心，保持幼儿对美术活动的热爱和探索精神。

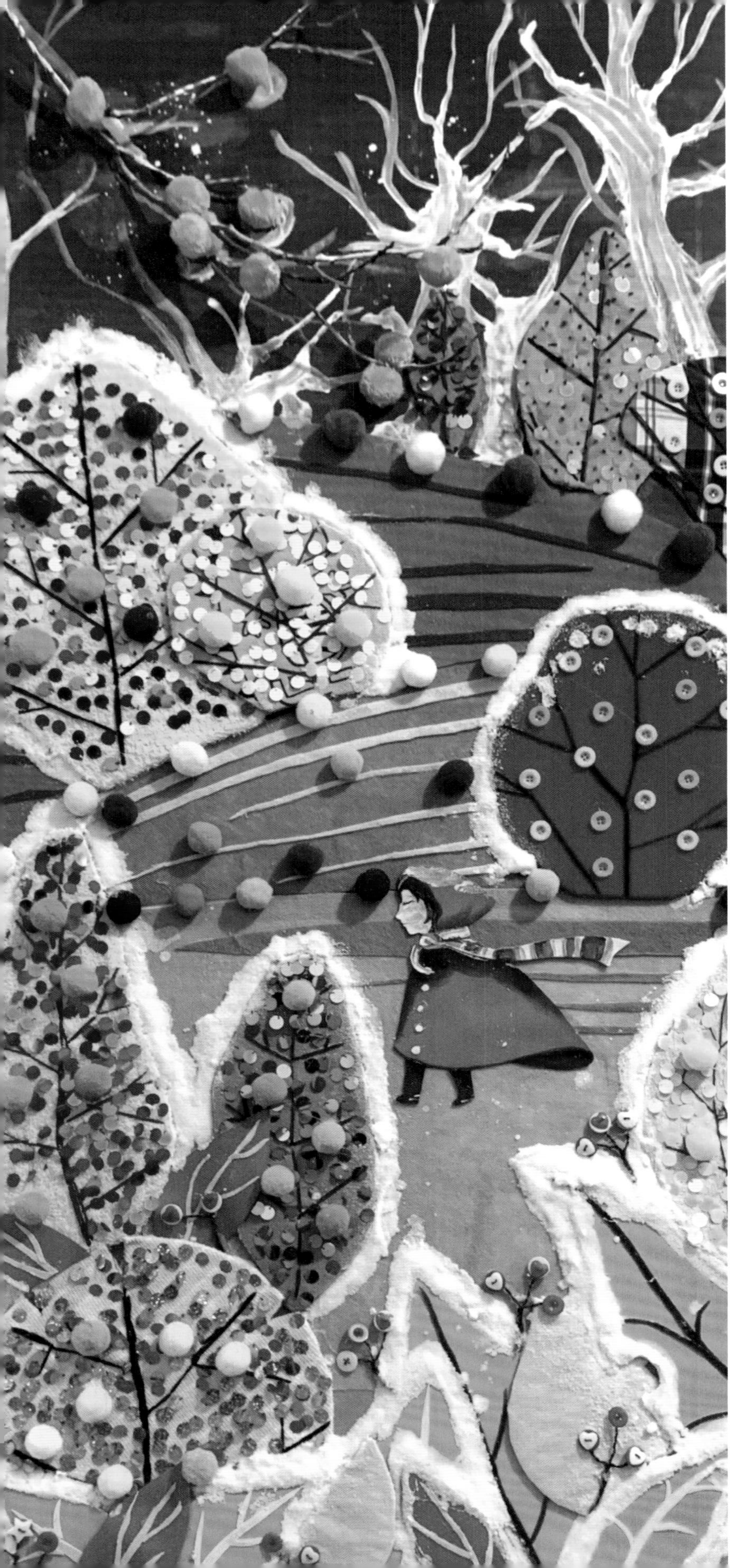

节气含义：『霜』是天冷、昼夜温差变化大的表现。故『霜降』表示『气温骤降、昼夜温差大』的节令。天气渐寒始于霜降，『霜降』是一年之中昼夜温差最大的时节。

物候现象：豺乃祭兽，草木黄落，蛰虫咸俯。

霜的形成

科学活动

【霜降】

活动目标

通过实验感知空气中的水蒸气遇冷会形成霜。

能对实验结果进行记录，并用流畅的语言表达自己观察到的实验现象。

让幼儿喜欢上实验操作，激发幼儿对科学探究的兴趣。

活动准备

经验准备：有过冻冰花、融化实验、蒸发实验、凝结实验的经验。

物质准备：水杯、盐、湿毛巾、冰块、记录表、笔、搅拌棒。

活动过程

〔开始部分〕

回顾前期实验。

【师】小朋友们，你们还记得在之前的实验中，水是怎么变成水蒸气的？

【幼1】热水会冒“烟”，那个“烟”就是水蒸气。

【幼2】水加热就会变成水蒸气，就像我们烧开水一样，水开了就会冒出很多水蒸气。

【幼3】我观察到水加热后开始冒泡，然后冒出来的“烟”就变成了水蒸气。

※小结※　水从液态到气态的过程，这种现象就叫作蒸发。

【师】在霜降节气中，小朋友们问到了霜是怎么形成的，今天我们就一起做一个实验。

〔中间部分〕

1. 教师介绍实验材料。

【师】小朋友们，请你们来看一看都有哪些材料。

2. 介绍记录表。

3. 幼儿操作实验。

（1）把不锈钢水杯放在湿毛巾上，往杯中加入 4 ~ 5 块冰块，再加入 1 ~ 2 勺盐搅拌，随着时间的变化，水杯外壁就会慢慢结上霜花。

（2）教师关注幼儿实验过程，并提醒幼儿将实验过程中的变化记录下来。

【结束部分】

幼儿分享实验过程和经验。

※ 小结 ※　装有冰块的不锈钢杯放在湿毛巾上，杯底温度很低，杯壁外附近的空气温度却比较高，把盐放进冰块中搅拌，在盐的作用下冰块加速融化，需要从周围吸取热量，这样就使周围的温度降低了，和杯子外壁的温度形成温度差，这就产生了霜花。

活动反思

本次活动教师引导幼儿通过实验操作感知了霜的形成这一科学现象。教师在操作前通过提问、介绍实验材料等方式激发幼儿的实验兴趣。在操作过程中，加盐搅拌使冰块快速溶解，溶解要吸收大量热量，会使不锈钢杯快速降温，这时空气中的水蒸气在很冷的杯外壁凝华成霜。幼儿看到杯子外壁形成的霜惊叹不已，对自然现象的好奇心得到了激发，纷纷提出自己的问题和看法。本次活动帮助幼儿理解了抽象的科学概念，培养了他们的观察力、动手能力和科学探究精神。

指导建议

本次活动设计严谨、环节紧凑，教师提问精炼、严谨，激发了幼儿对自然现象的好奇心，帮助幼儿树立了正确的科学态度，引导他们学会尊重科学、热爱科学。在未来的学习和生活中，这种科学探究精神会为幼儿的学习生活奠定基础。教师在今后的教学中，可以继续开展类似的活动，引导幼儿在亲身体验、操作中获得知识，让每一个孩子都能在愉快的氛围中学习和成长。

十八 一粒米的旅行 科学活动

活动目标

能够运用观察、比较、推理等方法对水稻生长过程的图片进行排序。

能够用准确连贯的语言表述水稻的生长过程。

尝试协商、分工、提高与同伴合作的能力，体验团结协作、战胜困难带来的快乐。

活动准备

经验准备：活动前引导幼儿观察水稻的图片，让他们对水稻的外貌和特点有一定的了解；幼儿已经了解或通过预习等方式知道水稻的生长环境、生长条件等基本知识。

物质准备：水稻的生长过程视频及图卡。

活动过程

〔开始部分〕

观看水稻的生长过程视频。

〔中间部分〕

1. 幼儿尝试对水稻的生长过程图卡排序。

2. 小组分享排序结果。

【幼 1】我觉得水稻的生长过程应该是先播种，然后长出小苗，接着长高、开花，最后结出水稻。

【幼 2】我按照水稻从小到大的顺序排的，先排了小小的种子，然后慢慢长出绿绿的叶子，接着是开出漂亮的花，最后是结出好多稻谷。

【幼 3】我也是先排了种子，排到后面我觉得叶子需要先长出来，然后才能开花结果，最后才是结出稻谷。

3. 幼儿再次观看视频，根据视频介绍和自己的理解进行重新排序。

4. 教师与幼儿共同梳理水稻生长过程。

※ 小结 ※　水稻的生长过程包括种子、萌芽、发芽、幼苗、植株、开花、结穗。

〔结束部分〕

了解从稻谷到大米的过程。

【师】有小朋友说水稻就是大米，其实水稻的果实是稻谷，稻谷脱壳之后才变成大米。

〔活动延伸〕

收集“米”的种类和用途。

活动反思

孩子们对“一粒米的旅行”这一话题表现出好奇，观看视频的时候十分专注，在准备自主排序时也兴致勃勃，乐于参与。但是在第一次自主排序时，部分幼儿没有成功，有些幼儿开始有沮丧、想要放弃的情绪，教师及时发现安抚后引导幼儿再次观看视频并进行正确的排序。幼儿在充分参与、体验的基础上了解了稻谷生长过程，知道了自己吃到的大米饭得来是如何的不易。

▲ 主题墙一角

指导建议

本次活动引导幼儿了解了大米的生产过程，还培养了他们的劳动意识和珍惜粮食的良好品质。活动中的一些小挑战和教师的及时引导都为活动的开展增添了趣味性，同时孩子们在克服困难的过程中不断成长。希望下次开展此类活动时，教师可以考虑增加更多的互动和探索环节，引导孩子们亲身参与种植、收获，从而更深入地了解大米的生产过程。

十九 水稻之父袁隆平

活动目标

初步了解杂交水稻的由来及栽培方式。

能清楚连贯地进行语言表述，有初步的概括能力。

感受袁隆平爷爷对于科学事业认真、奉献的精神。

活动准备

物质准备：绘本《杂交水稻之父袁隆平》、“饥荒”图片、“珍惜粮食”照片。

活动过程

〔开始部分〕

1. 教师出示“饥荒”图片，引发幼儿讨论。

2. 教师介绍绘本，引发幼儿阅读兴趣。

【师】今天，老师给小朋友们带来了一本关于科学家袁隆平爷爷的绘本，我们一起来看看吧。

〔中间部分〕

1. 分段阅读，幼儿总结概括画面内容。

【师】在绘本 2 ~ 5 页中你都看到了哪些内容？讲述了袁隆平爷爷哪些事情？

【幼 1】袁隆平爷爷就是“杂交水稻之父”。

【幼 2】袁隆平爷爷获得过游泳冠军，还喜欢音乐。

【幼 3】袁隆平爷爷很喜欢观察植物。

【幼 4】袁隆平爷爷参观农场时很喜欢高粱和玉米，还有果树。

※ 小结 ※　袁隆平爷爷是“杂交水稻之父”，在年轻的时候是个兴趣非常广泛的大男孩，喜欢体育、音乐，上中学时还获得过汉口百米自由泳冠军，而且在上学的时候就对很多植物产生了浓厚的兴趣。

2. 继续阅读，了解袁隆平爷爷研究水稻的原因。

【师】在绘本 6 ~ 9 页中讲述了什么事情？袁隆平爷爷发现了什么？又选择了什么？

【幼 1】袁隆平爷爷中学毕业后选择了读农学专业，做农业工作者。

【幼 2】袁隆平爷爷看到吃不饱饭的人很难过，决定要帮助他们。

【幼 3】袁隆平爷爷决定研究水稻。

【幼 4】在大家都研究不出来，想要放弃的时候，袁隆平爷爷还是继续坚持。

※ 小结 ※　袁隆平爷爷在中学毕业后毅然决然地投入到农业研究中，选择研究水稻，当时不同品种的水稻很难培育，很多人都放弃了，但是袁隆平爷爷没有放弃。

3. 小朋友阅读绘本 10 ~ 14 页，了解袁隆平爷爷发现杂交水稻的过程。

【师】袁隆平爷爷是在哪里、怎样发现杂交水稻的？

【幼 1】在炎炎夏日里，他走遍了很多地方才找到了 6 株只有雄蕊的雄性水稻。

【幼 2】在观察了 14 万样本之后找到了雄性水稻。

【幼 3】在海南的一片野生水稻中找到了一株雄性水稻，叫“野败”。

4. 小朋友阅读绘本 15 ~ 18 页，了解杂交水稻的特征。

【师】为什么叫杂交水稻？它有什么样的特征？

【幼 1】因为它是通过两种不一样的水稻品种杂交出来的，所以叫作杂交水稻。它会比普通的水稻长得快。

【幼 2】杂交水稻是在袁隆平爷爷不懈努力下杂交两种不同的水稻品种得到的，它不容易生病，长得可好了。

【幼 3】杂交水稻的叶子比普通水稻的叶子大，播种后一长能长一大片，可以收获很多的大米。

〔结束部分〕

幼儿交流分享阅读后的感受。

【师】绘本中给你留下印象最深刻的是什么？你觉得袁隆平爷爷是一个什么样的人？我们今后应该怎么做？

【幼 1】袁隆平爷爷在地震中不顾危险抢救出了水稻幼苗，我觉得他很勇敢。

【幼 2】袁隆平爷爷一直在艰苦的条件下研究杂交水稻，我觉得爷爷很能吃苦，不怕困难。

【幼 3】袁隆平爷爷让很多人都吃饱了饭，不会再吃树皮了。我感觉我现在很幸福，我能吃到香香的大米。

【幼 4】我要珍惜粮食，不能浪费。

※ 小结 ※ 袁隆平爷爷有一种锲而不舍的精神。

活动反思

本次活动，幼儿通过阅读《杂交水稻之父袁隆平》绘本，了解了杂交水稻的由来，感受到了袁隆平爷爷在研究杂交水稻的过程中的艰辛与锲而不舍精神。幼儿对袁隆平爷爷及杂交水稻也有了初步的了解，同时也激发了他们对科学研究的兴趣。孩子们在阅读过程中能够积极参与讨论，思维活跃，并清晰连贯地进行讲述，有初步的概括能力。

指导建议

绘本故事的选择非常适合孩子们的年龄特点，生动有趣，易于理解。通过分段阅读的方式，孩子们能够逐步了解袁隆平爷爷的故事，同时也能够更好地理解故事内容。教师通过关键情节提问的方式引导幼儿梳理提炼故事内容，幼儿能够将自己阅读的部分用语言连贯清晰地表述出来。但是教师在活动开展时重点不够突出，如阅读到 10 ~ 18 页时，绘本内容涉及一些专业知识，对于部分幼儿来说，记住这部分内容较难，可以考虑采用教师讲述的方式，使幼儿更容易理解故事内容。

 米的种类和用途 科学活动

活动目标

知道米的外形特征，了解生活中常见的米的种类和米的用途。

能够将米与米制品美食进行匹配，乐于表达自己的想法。

活动准备

经验准备：前期有了解大米的经验，学习过《小小一粒米》的歌曲。

物质准备：幼儿自带各种类的米、课件《多种多样的大米》、歌曲《小小一粒米》、纸笔、分类表格、各类米制品美食。

活动过程

〔开始部分〕

师幼共同演唱《小小一粒米》。

〔中间部分〕

1. 幼儿在小组内分享自己带来的米，介绍它的名称、外形特点和用途。

【师】小朋友们带来的米是什么样子的呢？它的名称是什么？长什么样子？可以用来制作什么美食？

【幼 1】我带来的是糯米，它是白白的，可以用来包粽子。

【幼 2】我带来的是紫米，它是紫色的，比普通大米更小一些。它可以用来煮紫米粥或者做紫米饭团。

【幼 3】我带来的是小米，它的颜色是黄色，小小的，很可爱。小米可以用来煮粥，也可以用来做小米饭、小米糕。

【幼 4】我带来的是黑米，它的颜色是黑色，看起来很特别。黑米可以用来煮粥，也可以用来做黑米糕点，吃起来会非常美味。

2. 抢答游戏，猜一猜米制品是由哪种米制作的。

【师】今天老师带来了许多美食，请小朋友们猜一猜，它们都是由哪种米做成的。

教师播放米制品美食闪图，定格后幼儿进行抢答，进行小组积分。

※ 小结 ※　不同的米可以做不同的美食，而且口感和味道都不一样。

〔结束部分〕

幼儿品尝各种米制品。

活动反思

本次活动的开展基于幼儿已有的生活经验，幼儿收集了各种各样的米，通过小组分享向同伴介绍了米的种类、特征和用途，教师利用抢答游戏的形式引导幼儿积极参与，活动的最后幼儿共同品尝米制品美食，让幼儿在语言表达、互动游戏和美食品尝等多个环节进一步加深了对米的认识。

指导建议

本次活动中，教师利用了语言表达、互动游戏和美食品尝等教育策略，层层递进，符合幼儿的学习特点，引导幼儿在轻松愉快的氛围中完成活动目标。教师还可以组织一些拓展活动，比如让幼儿尝试用米制作各种作品，这样可以引导幼儿在实际操作中进一步加深对米的用途的了解，培养他们的动手能力和创造力。

廿一 光盘行动 社会活动

活动目标

知道“光盘行动”，了解“光盘行动”的意义，养成不铺张浪费的好习惯，爱惜粮食。

围绕一个话题进行讨论协商，制订海报宣传设计方案。

能够尊重他人并大胆发表自己的建议。

活动准备

经验准备：知道宣传海报的作用。

物质准备：《小狼沃夫：不要浪费食物》视频，粘贴、绘画等材料。

活动过程

【开始部分】

1. 回顾宣传海报的要素、作用。

【师】我们之前制作过宣传海报，小朋友们还记得宣传海报上都有什么吗？

【幼 1】我觉得宣传海报上最需要的是标题，可以让大家一下子就知道海报的主题。

【幼 2】宣传海报上会有标题，还有图片和文字，用来介绍要宣传的内容。

【幼 3】宣传海报会有好看的图案，能一下子就吸引到人，还会有呼吁大家行动的一些话，能够让人更加关注。

2. 引出制作“光盘行动”宣传海报的话题。

【师】我们怎么让更多的小朋友做到节约粮食呢？

【幼 1】我们可以制作一个“光盘行动”的宣传海报，告诉大家吃饭的时候不要浪费粮食，要吃完碗里的饭。可以在海报上画一个大大的碗，碗里装满了米饭，旁边写着“光盘行动，从我做起”。

【幼 2】我们可以在海报上写上一些节约粮食的标语，比如“粒粒皆辛苦，不要浪费一粒米”。

【幼 3】还可以在海报上画一些关于节约粮食的图画，让小朋友们更加容易理解。

【中间部分】

1. 幼儿分组讨论宣传海报设计思路。

2. 幼儿制作“光盘行动”宣传海报。

3. 教师巡回指导。

【结束部分】

各小组介绍本组制作的宣传海报。

【活动延伸】

幼儿在幼儿园开展“光盘行动”宣传活动。

活动反思

本次活动与幼儿的生活息息相关，幼儿开始关注自己身边的浪费现象。在制作宣传海报之前，教师能够充分引导幼儿对小组的海报主题形式、内容进行讨论，在小组制作宣传海报的过程中，幼儿能够通过协商明确自己的任务，并能用清晰连贯的语言向同伴介绍自己小组设计的宣传海报。教师通过本次宣传海报设计活动，不仅引导幼儿学会了设计宣传海报的方法，还培养了幼儿节约资源的意识。

指导建议

从这次“光盘行动”的宣传海报设计活动中，可以看出教师为幼儿的前期经验准备做了很多的铺垫，支持幼儿关注自己身边的浪费现象，认识到了浪费资源对环境和自身生活的影响，激发他们设计宣传海报、节约资源的兴趣。同时，教师将活动重点放在了引导幼儿对宣传海报的形式、理念的讨论，在此基础上，幼儿能够进一步明确任务要求，顺利地完成海报的设计和制作。建议教师可以在后续的活动中引导幼儿进一步在幼儿园、家庭、小区开展“节约资源”的宣传。

主题活动反思

大班秋季节气主题活动源于季节的变化和幼儿对秋季节气的好奇心。秋季是一个充满变化的季节，它的景色、动植物的变化都为幼儿提供了丰富的探索和学习材料。本次主题活动是幼儿探索秋季节气的钥匙，幼儿从不同角度感知和体验了秋季的美丽和丰收的喜悦。结合季节的特点，主题墙的主色是“暖色”，主要划分为四大板块：秋序、秋景、拾秋、尝秋。

在此次主题活动中，我们在玉渊潭公园科学实践的过程中了解了身边动植物的变化，感知气候对动植物带来的影响，如树叶掉落、动物迁徙等；了解了昼夜变化的规律、早晚温差的变化；通过操作实验，感受客观因素对季节变化的影响，体验科学活动的趣味性；开展了有关“树叶”的活动，大班幼儿在已有经验的基础上，利用显微镜观察叶子的结构和“叶绿素”的产生，了解树叶的功能和用途，感知植物生命的神奇之处；通过了解秋天特有的水果——柿子，知道柿子的储藏方法，了解“杂交水稻”的发展史，萌发珍惜粮食的情感，在生活中做到珍惜粮食。

在活动过程中，幼儿能够通过收集、观察、猜想、探索、实验、记录等方式，在小组活动和区域活动过程中，大胆操作，勇于发言，体验科学活动的趣味性，提高了合作能力、观察能力和培养了语言表达能力，探索精神。

在整个主题活动过程中，除了幼儿能获得经验外，教师自身能力也获得了提升。首先，教师更加深入地了解了秋季的特点和意义，丰富了自己的知识储备。其次，教师在引导幼儿进行观察、实验和创作的过程中，提高了自身的教学技巧和教育智慧。此外，教师还学会了如何根据幼儿的兴趣和能力设计活动，更好地满足他们的学习需求。最重要的是，教师更加珍惜与幼儿一起度过的美好时光，见证了他们的成长与进步。

冬哩个咚
斗转星移

主题活动由来

随着冬季的到来，幼儿可以观察到许多与冬季相关的自然现象和节气特点。为了让幼儿更好地了解冬季节气的气候特点、节气的含义和起源、冬季的动植物变化等相关知识，培养他们的观察能力和探索精神，从而更好地认识自然、感受自然，教师设计了此次主题活动。

此次主题活动为幼儿设计了丰富多彩的游戏和活动，引导他们在玩乐中学习知识，提高动手能力和创造力。通过介绍冬至、腊八节等冬季节日的由来和习俗，引导幼儿了解传统文化的特点和魅力。冬季节气主题活动通常与人们的日常生活密切相关，因此也具有实用价值和教育意义。教师通过讲解冬季保健知识，引导幼儿注意保暖、加强锻炼、合理饮食等，培养他们良好的生活习惯和自我保护能力。

同时，根据大班幼儿年龄特点，教师还设计多种活动形式，幼儿可以分组进行活动，互相协作、共同完成任务，从而培养他们的团队合作精神和沟通能力。鼓励幼儿分享自己的发现和体验，让他们在分享中感受到成就感、树立自信心。

在开展此次主题活动的过程中，教师也追随幼儿的关注点和兴趣需求，以幼儿为主体，站在儿童视角对活动进行相应的调整。希望通过此次主题活动，幼儿能够更加热爱自然、珍惜生命，为未来的生活和发展打下坚实的基础。

主题活动总目标

通过观察冬季的各种自然现象，初步感知冬季气候及大自然的明显变化，体验人们抵御寒冷的各种方法，了解动物、植物等不同的过冬方式。

知道冬季节气的名称和顺序，了解冬季节气的由来和习俗，以及各个节气的含义和特点。

知道节气与人们生活的关系，养成合理饮食、适当锻炼等健康的生活习惯。

亲身体验节气的变化，在小组活动中与同伴共同协商、讨论，一起合作完成对冬季节气的探究，培养幼儿的实践能力和合作精神。

通过观察、记录、交流分享等方式了解科学的探究方法，培养幼儿的探究意识和科学素养。

能用连贯、清晰的语言表达，或者运用图画、符号等表征形式表达对节气的感受，激发幼儿对冬季节气的艺术创作愿望。

通过开展有关冬季节气的活动，引导幼儿了解和传承中华优秀传统文化，深入理解冬季节气的含义和特点，增强民族文化自信心。

主题墙

寻找初冬
知冬
立冬三候
我的疑问
水始冰
地始冻
雉入大水为蜃
冬日逆行者
我身边的冬天
冬日暖洋洋
环卫工人
外卖员
交警
快递员
冬日暖品
让身体热起来
腊梅
山茶花
柏树
松树
敬颂冬绥
节气三候
虹藏不见
闭塞而成冬
探索
冰雪奇缘
积雪作用大
老师，为什么要把雪堆在树下?
趣玩雪花
补水
保暖
除虫
玩转冻冰花
留住白娃娃

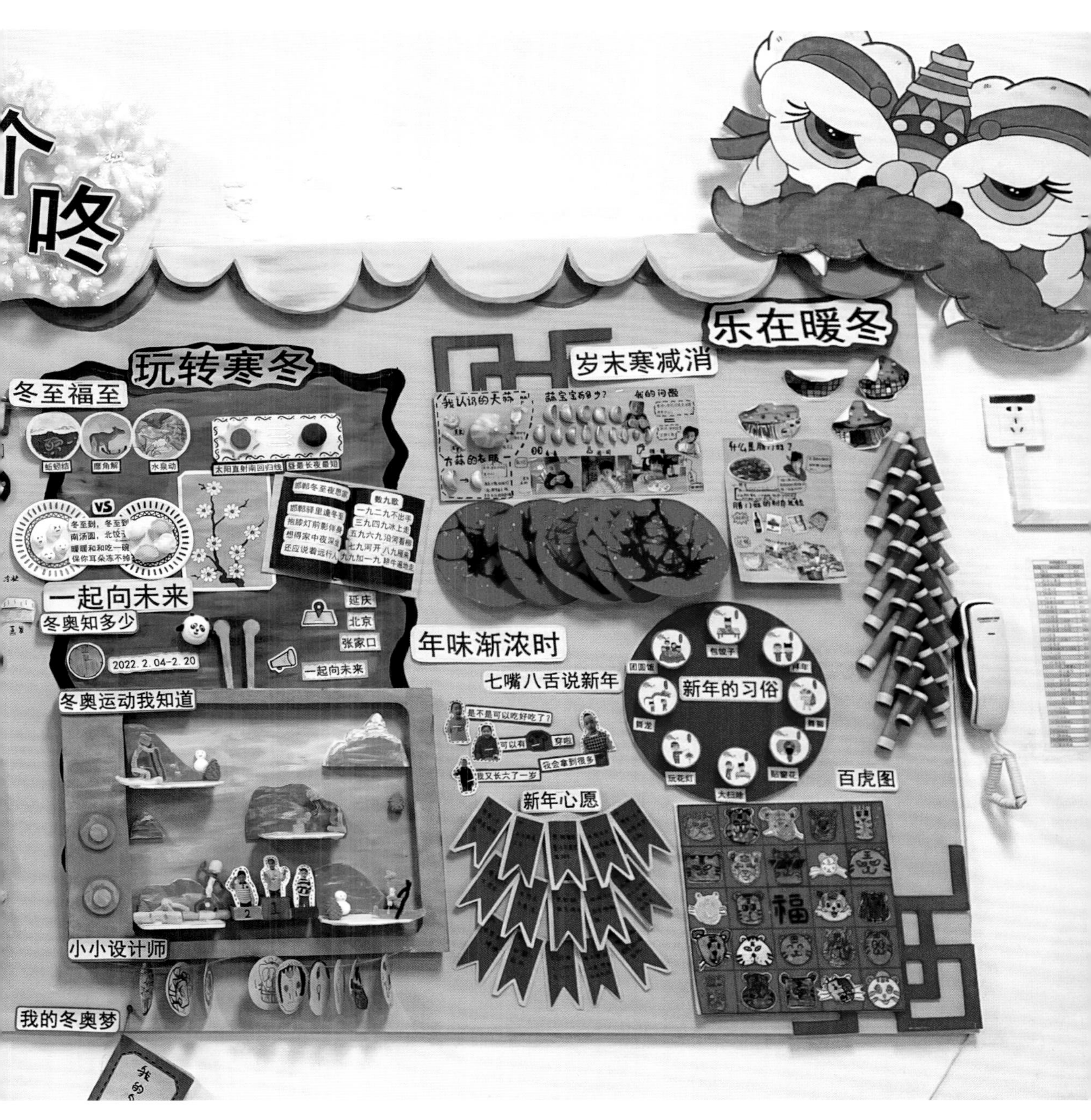

个
咚
玩转寒冬
乐在暖冬
岁末寒减消
冬至福至
蚯蚓结
麋角解
水泉动
太阳直射南回归线
VS
数九歌
一起向未来
冬奥知多少
延庆
北京
张家口
2022.2.04-2.20
一起向未来
年味渐浓时
七嘴八舌说新年
是不是可以吃好吃了？
可以有
穿啦
我又长大了一岁
我会拿到很多
新年的习俗
团圆饭
包饺子
拜年
舞龙
舞狮
玩花灯
大扫除
贴窗花
新年心愿
百虎图
福
冬奥运动我知道
小小设计师
我的冬奥梦

主题网络图

冬哩个咚
主题活动·冬
寻冬
腌菜【小雪】
我给树木穿新衣
过冬方式知多少
树木大调查
冬初临【立冬】
探冬
奇妙造雪之旅
盐画雪花
大雪腌肉【大雪】
雪之辩辩乐
冬至的昼夜魔法【冬至】
趣味消消乐
趣味冻冰花

活力火炬接力赛
设计未来冬奥奖牌
巧手制火炬，传递冬奥情
解码冬奥会火炬
冬奥会我知道
藏冬
玩冬
巧手熬制腊八粥
筹备我的新年联欢会
小寒不怕冷【小寒】
给小桃树穿件新棉袄
温暖的围巾【大寒】

主题区域环境创设

美工区

提供食用盐、乳胶、纽扣、扭扭棒等材料，以及雪花的各种形态的图片，便于幼儿制作雪花。

投放彩纸、剪刀、锡箔纸、牛皮纸、双面胶等材料及火炬、奖牌制作步骤图，便于幼儿制作火炬和奖牌。

提供对称剪纸、折窗花步骤图、彩纸、写福红纸等，供幼儿创作新年班级装饰作品。

科学区

提供造雪实验材料，让幼儿在操作、实验中体验科学实验带来的乐趣。

提供温度计，便于对冬季气温连续观察，通过观察与记录了解冬季温度的变化。

提供地球仪、手电筒，通过演示地球自转等，体验昼夜长短的秘密。

图书区

在班级活动中通过节气播报的形式引导幼儿了解相关知识；将幼儿自制的播报稿整理成图书，在区域活动时间与同伴自由仿编讲述。

投放与冬季节气有关的图书和图片。

创设“我与冬季节气的故事”自制图书角，教师提供自制图书材料，幼儿根据亲身体验绘制相关内容。

植物角

在植物角种植韭菜、香菜等蔬菜，搭建暖棚，带幼儿了解蔬菜等植物的保温方式。

收集大树保暖物品，如石灰水、保温布、稻草等物品，为给户外树木保温做准备。

家园共育

根据班级主题活动进程，引导家长利用周末和节假日与幼儿一同走进大自然、博物馆等，了解冬季节气的相关知识，进一步丰富节气经验。

家长可与幼儿到滑冰场或滑雪场，带幼儿体验冬季冰雪带来的乐趣，并将出游照片等物品带到班级与同伴交流分享。

家长支持并帮助幼儿收集有关冬季节气的图片、明信片及绘本，丰富节气知识经验。提醒幼儿关注天气、温度，并通过播报方式与同伴分享。

家长和幼儿共同准备做腊八粥的材料，鼓励幼儿自己动手清洗食材制作腊八粥，品尝劳动的果实。

家长和幼儿共同搜集关于冬奥会的相关知识，了解冬奥会吉祥物、开幕式时间、冬奥会运动项目等。

家长和幼儿共同参与大雪腌肉活动，通过准备、洗、腌、晒等步骤，引导幼儿亲身体验大雪腌肉的节气习俗。

家长协助幼儿准备腌菜的食材，引导幼儿亲身了解腌菜的方法，感受自己动手的喜悦。

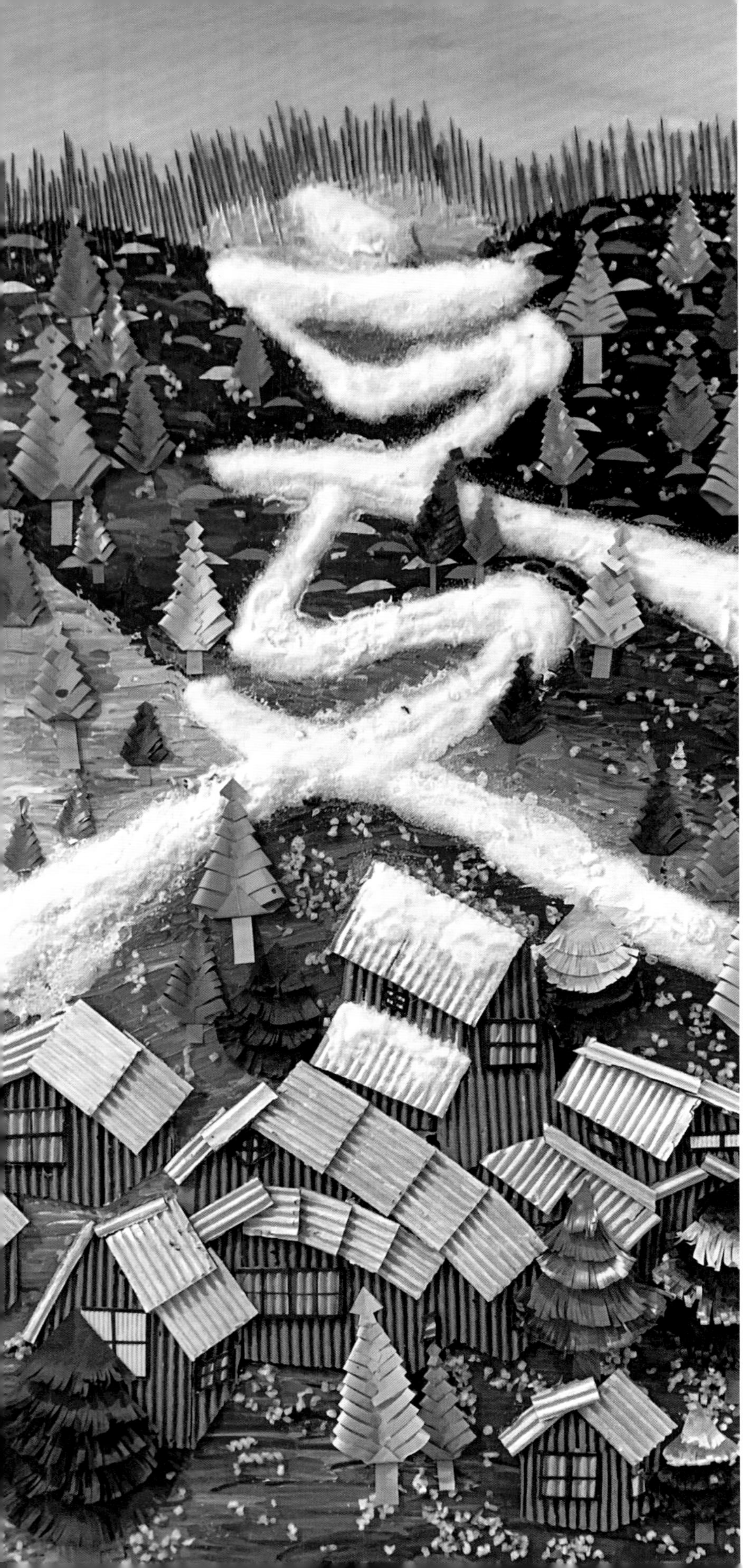

立冬

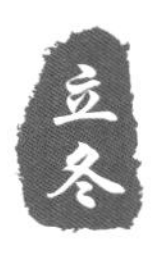

节气含义：立，建始也；冬，终也，万物收藏也。立冬，意味着生气开始闭蓄，万物进入休养、收藏状态。

物候现象：水始冰，地始冻，雉入大水为蜃。

一　冬初临　语言活动

【立冬】

活动目标

了解立冬节气的特点，丰富立冬节气相关知识。

愿意与同伴合作完成小组任务，激发幼儿对立冬节气的探索兴趣。

活动准备

经验准备：幼儿前期大量收集与立冬节气相关的气候、习俗、农事等资料。

物质准备：立冬节气调查表。

活动过程

【开始部分】

幼儿播报立冬节气，引出话题。

【幼】立冬是冬季的第一个节气，从立冬开始就进入冬天了。

【中间部分】

1. 幼儿依据前期收集的资料进行小组内分享，并用自己的方式进行记录。

【师】小朋友们一起收集了有关立冬节气的知识，今天我们就一起来进行分享。（气候组、习俗组、农事组）

（1）气候组分享。

【幼1】进入立冬节气了，天气就会变得越来越冷。

【幼2】天气变冷后，有的土壤和水也会慢慢结冰。

【幼 3】妈妈讲过，天气冷了，就看不到野鸡了，古人认为它变成了贝壳类，所以称“雉入大水为蜃”。

（2）习俗组分享。

【幼 1】在立冬当天要吃饺子，这样冬天就不会把耳朵冻掉。

【幼 2】还吃羊肉火锅什么的，让身体热起来。

【幼 3】还有烤红薯、糖葫芦啥的，都是我冬天爱吃的。

（3）农事组分享。

【幼 1】立冬意味着天气越来越冷，有的植物怕冷，人们就会用塑料薄膜做一个温暖的大棚。

【幼 2】冬天冷了，就不种什么作物了，农民伯伯会清理田间秸秆，翻翻土壤，减少病虫害发生。

【幼 3】天气冷了就开始给树木保暖了。

2. 各组选出分享员，分享员轮流到各组分享记录内容。

3. 教师与幼儿共同梳理立冬节气的特点。

※ 小结 ※　立冬是二十四节气中第十九个节气，每年 11 月 7 日或 11 月 8 日迎来立冬节气。立冬三候，一候水始冰，二候地始冻，三候雉入大水为蜃。立冬后人们喜欢进食可以驱寒的食物，如吃滋阴补阳的食物，潮汕吃甘蔗、炒香饭，北方吃水饺。立冬后的主要农事是田间保温管理。

【结束部分】

【师】刚才小朋友们提到了立冬后，田间会有“保温管理”，我们幼儿园有这么多树木，它们需要保温管理吗？请小朋友们想一想，怎么帮助大树保温呢？

活动反思

本次活动开展之前，幼儿就立冬节气的相关知识展开调查，积累了大量关于立冬节气的知识经验，为本次活动的开展做好了充分的准备。在活动开始时由幼儿播报导入活动，激发了孩子们参与活动的兴趣，孩子们热切地想要与同伴分享他们搜集到的关于立冬节气的小知识。在活动过程中，幼儿能够根据自己搜集到的资料与同伴进行讨论，并用自己的方式对内容进行梳理，在小组分享和集体梳理的过程中，锻炼了幼儿的小组合作能力和语言表达能力，加深了对立冬节气的了解。

▲ 主题墙一角

指导建议

立冬是中国传统二十四节气之一，通过了解立冬的活动，幼儿能够接触并了解中华优秀传统文化和节气文化。立冬三候是中国传统节令的体现，通过了解立冬三候，幼儿能够更好地认识和遵循节令，养成良好的生活习惯，保持健康的生活方式。在与同伴合作完成小组任务的过程中，他们提升了交流表达能力，进一步促进了自身社会性发展。这些都十分有助于他们的成长，增强幼儿的自信心和归属感，从而更好地传承和弘扬中华民族的文化瑰宝。

二 树木大调查 社会活动

活动目标

引导幼儿观察幼儿园中的树木，知道树木的名称。

能够通过小组合作完成树木数量统计。

愿意在集体面前大胆分享自己的统计结果。

活动准备

经验准备：有统计经验。

物质准备：统计表、计时器、笔。

活动过程

【开始部分】

谈话导入，明确统计任务。

【师】上次我们提到幼儿园有好多树木，它们也需要保温，今天我们就来统计一下幼儿园都有哪些树，分别有多少棵。

【中间部分】

1. 幼儿自由分为 5~6 组，并选出记录员、计时员。

2. 幼儿分组进行各类树木的数量统计。

结束部分

幼儿分组分享统计结果，教师进行整理汇总。

【幼 1】这是我们组算的，幼儿园有苹果树一棵、山楂树一棵，我们还发现银杏树最多，有四棵。

【幼 2】我们组的树木大调查，银杏树四棵，玉兰树、苹果树、山楂树都是一棵。

【幼 3】我们组发现幼儿园里有山楂树、苹果树，他们都是果树，各有一棵。我们组还发现小木屋边上有两棵很粗的杨树。

活动反思

在前期活动开展过程中，幼儿了解了植物的过冬方式并提出幼儿园的树木也需要过冬，那幼儿园到底有多少棵树呢？这激发了幼儿的探究兴趣。于是他们展开了对幼儿园不同种类树木数量的调查。幼儿通过小组协商、分工合作对幼儿园的树木数量进行调查统计，并用自己喜欢的方式记录下来，学会了运用数学经验解决生活中的数学问题。在统计结束后，幼儿在集体中大胆表达自己的统计过程和结果，并与其他小组的统计结果进行对比。教师在活动最后公布正确的树木数量，孩子们都为自己的准确统计感到开心，这大大激发了孩子们进一步参与数学活动的热情，树立了自信心。

指导建议

幼儿在观察和探究树木的过程中，表现出较高的热情和好奇心。通过观察和分析树木的特征，他们不仅掌握了科学的方法，而且锻炼了自己的科学思维，在辨识树木的过程中，不断地丰富词汇量。他们在记住各种树木名称的同时，通过与老师和同伴的交流，学会了如何准确、生动地描述自己的发现，这种语言能力的提升，将有助于他们在未来的学习和生活中更好地交流表达。更重要的是，通过本次活动，幼儿开始关注身边的环境，认识到保护树木、爱护大自然的重要性，该活动提升了他们的环保意识和社会责任感。

 过冬方式知多少 科学活动

活动目标

了解人类、动物、植物过冬的方式，知道其与季节变化的密切关系。

有一定的自我保护意识，培养幼儿爱护动植物的情感。

活动准备

物质准备：课件，幼儿前期完成有关人类、动物、植物过冬方式的调查表。

活动过程

〔开始部分〕

谈话导入，引入主题。

【师】冬天到了，小朋友的衣食有什么变化呢？那小动物和植物又有什么变化？它们是怎样过冬的呢？

〔中间部分〕

1. 幼儿收集人类过冬方式资料进行分享。

【师】请收集人类过冬方式的小朋友们根据调查表来分享一下人类的过冬方式。

【幼 1】在冬天，户外的人们都会戴手套和帽子，要不就容易冻伤手和耳朵。

【幼 2】丁老师给我们讲立冬的时候说可以吃火锅，热的食物能让身体变暖和。

【幼 3】穿羽绒服，每天户外活动前老师都会提醒我们穿羽绒服。

※ 小结 ※　人类过冬的方式有穿厚衣服、取暖、盖棉被、生火炉、多吃热量高的食物、去温暖的地方过冬、运动等。

2. 幼儿分享动物过冬方式。

【师】小朋友们了解了在寒冷的冬天人们会采取各种各样的方式过冬，小动物们又是怎样过冬的呢？

【幼 1】我在《青蛙会喝热巧克力吗？》中看到，企鹅会和它的朋友们抱在一起取暖过冬。

【幼 2】我也看过，乌龟和北极熊都会冬眠。

【幼 3】冬天的时候，蜜蜂都在家里过冬，还振动它们的翅膀取暖。

【师】小朋友们还知道哪些动物过冬的方式？

【幼】大雁等候鸟是向南迁徙过冬。

【师】动物很聪明，它们为了生活下去，都有自己度过寒冷冬天的方式，那我们一起来梳理一下，一共有几种过冬方式。

※ 小结 ※　动物们为了保护自己，都会用不同的方式来过冬。蛇、乌龟、青蛙、刺猬通过冬眠来过冬。猫、狗、兔子、松鼠换上厚厚的毛过冬。蚂蚁贮食过冬。动物过冬方式主要有增厚皮毛、冬眠、贮存粮食、迁徙等。

3. 幼儿分享植物的过冬方式。

幼儿自由讨论，教师进行梳理（留种过冬、落叶过冬、蜡质膜过冬、根部过冬）。

【师】最后我们再看看植物是怎样过冬的吧。

【幼 1】留种过冬，就是在天冷的时候把种子留下来，等到天气暖和的时候再生根发芽。

【幼 2】还有一种是落叶过冬，意思就是一些大树到了秋天就开始冬眠了，为了保护自己的枝干就不给叶子营养了，叶子就会变枯、变黄然后掉下来了，所以到冬天树就是光秃秃的。

【幼 3】玉渊潭里的松树和柏树为什么冬天也是绿色的？因为它们的过冬方式叫蜡质膜过冬，它们会分泌一种蜡质，形成一层保护膜，来保护它们过冬。

【幼 4】还有一种过冬方式是根部过冬，一些植物提前在根部吸收大量营养，增强自己的抗寒能力。

【师】小朋友们找出了这么多种植物过冬的方式，那你们知道我们人类是怎样帮助植物过冬的吗？

幼儿自由回答，教师进行总结。（移到室内、套袋、刷白、稻草捆扎等）

【结束部分】

教师展示大整理表，对人类、动物、植物过冬方式进行对比梳理，加深幼儿印象。

过冬的方式

人类	名称 1	名称 2	名称 3	名称 4
过冬的方式				
动物	名称 1	名称 2	名称 3	名称 4
过冬的方式				
植物	名称 1	名称 2	名称 3	名称 4
人类辅助动植物过冬方式				
动物				
植物				

〔活动延伸〕

在幼儿园观察植物，了解它们的过冬方式，帮助有需要的植物过冬。

活动反思

在本次活动开始之前，幼儿对人、动物、植物过冬的方式开展了前期调查，完成了调查统计表。本次活动，教师与幼儿共同梳理人、动物、植物过冬的方式，在活动开展过程中，幼儿能够积极回答教师提出的问题，将自己搜集到的资料用清晰流畅的语言与同伴进行分享，当同伴在进行分享时能够做到认真倾听，尊重同伴的观点。通过活动的开展，幼儿进一步丰富了关于人、动物、植物过冬方式的经验。

指导建议

本次活动幼儿通过深入了解人、动物、植物的过冬方式，拓展了对生命世界的认知，他们认识到每种生物都有其独特的生存智慧和适应自然的方式，这种对生命多样性的认识，将使他们对大自然更加敬畏和尊重，激发探索自然奥秘的好奇心。在探究季节变化与动植物生存方式的关系时，幼儿学习观察、分类、推理等科学方法，并亲身体验科学探究的过程，提高了观察能力和分析判断能力，有助于培养他们的科学思维习惯。了解季节变化与动植物的关系，提高幼儿的自我保护意识，学会在冬季保持健康的生活方式。建议教师引导进一步认识人类活动对生态环境的影响，了解自身的行为与大自然的紧密联系，从而培养起对自然环境的责任感和保护意识，从而培养他们热爱生命、尊重自然的情感和态度。

四 我给树木穿新衣 科学活动

活动目标

了解冬季树木刷白、包裹等保温方法。

选择合适的材料，能够用刷、包、扎等方式对树木进行保温。

能与同伴合作完成任务，激发幼儿爱护树木的情感。

活动准备

经验准备：有缠绕、打结的经验，幼儿前期已根据树木数量进行任务分配。

物质准备：石灰水、手套、围裙、幼儿自备树木保温材料。

活动过程

〔开始部分〕

幼儿分组，明确任务要求。

【师】小朋友今天准备了很多给树木保温的材料，请小朋友们自由分为刷白组、包裹缠绕组。

〔中间部分〕

幼儿根据树木上的标识进行刷白和包裹缠绕，教师巡回观察，必要时给予适当的提示和指导。

（1）刷白组：幼儿戴上手套、系好围裙，将石灰水用刷子搅拌均匀，边蘸边刷。教师对石灰水滴落在地上进行及时引导。

【师】小朋友仔细想一想，为什么地上滴落了那么多石灰水？

【幼 1】是 ×× 蘸完石灰水走过去刷树干时流下来的。

【幼 2】他蘸完就走，也不接着点，就弄了一地。

【幼 3】我蘸完石灰水在桶边上刮了刮就不滴水了，×× 也可以刮一刮。

【幼 4】石灰水都被刮掉了，还怎么刷树呢？

【幼 5】我们把桶提在手上，蘸完石灰水直接往树上刷不就行了，再流也只会流到树干上，正好不浪费。

（2）包裹缠绕组：教师对缠绕方法进行引导。

【师】用什么方法才能让小树的“衣服”既美观又结实保暖呢？

【幼 1】朝着一个方向绕帆布条，一边绕一边看看帆布条有没有挨在一起，这样就不会露出树皮了。

【幼 2】帆布条松开了也会露出树皮，我们一起把它拉得紧紧的，再一圈一圈地缠绕就好多了。

【幼 3】我想用胶条把帆布条的头那里粘上两圈，再绕着树干缠，它就不会松开了。

【幼 4】我们找的帆布条是宽的，我们从上往下缠的时候压着上面的一圈，拉得紧紧的就不透风了。

【结束部分】

1. 幼儿收拾、整理工具。

2. 回班后与同伴分享本组任务完成情况。

活动反思

前期活动的开展，激发了幼儿保护幼儿园的植物，帮助它们顺利过冬的强烈愿望。教师为了支持幼儿的想法，设计了本次为树木进行保温的活动。在上一次的活动中，幼儿对幼儿园的树木数量进行了统计，并分配好了小组任务，提前了解了树木保温的方式，学习了刷白和包裹缠绕的方法。在活动中，尤其是在包裹缠绕的时候，多位幼儿分工协作完成了任务。活动结束后，幼儿自主地完成对工具和材料的整理，还主动与同伴分享了刷白和包裹缠绕的经验。本次活动，孩子们在合作中学习了对树木进行保温的方法，进一步丰富了自身的生活经验，对自己周围的植物也更加关心、爱护。

指导建议

冬季为树木保温，不仅可以帮助其安全度过寒冷的冬季，防止寒风和霜冻的侵袭，还能提高树木的存活率，保护生态环境。幼儿参与到树木保温的行动中，更是一次难得的教育机会。他们可以学习到关于树木生长的知识，了解保护环境的重要性。在教师的有效引导和同伴的共同努力下，幼儿自主选择合适的材料，运用刷、包、扎等方式对树木进行保温，在直接感知、实际操作和亲身体验中提高动手能力、观察能力，以及与同伴的协作能力。通过本次活动，幼儿发现保护树木就是保护我们自己的家园，从而激发出更深层次的情感，不断增强保护环境的意识和社会责任感。

小雪

节气含义：因『雪』是寒冷天气的产物，『小雪』节气期间的气候寒未深且降水未大，故用『小雪』来比喻。气象上将雨、雪、雹等从天空下降到地面的水汽凝结物，都称为『降水』。小雪是反映降水与气温的节气，它是寒潮和强冷空气活动频数较高的节气。小雪节气的到来，意味着天气会越来越冷、降水量渐增。

物候现象：虹藏不见，天气上升地气下降，闭塞而成冬。

腌菜

食育活动

【小雪】

活动目标

了解小雪节气的习俗，知道腌菜是节气习俗的一种。

学习腌菜的方法，体验腌菜的乐趣。

培养幼儿的动手能力和观察能力。

活动准备

经验准备：幼儿已经了解过小雪节气，知道腌菜是一种传统的节气习俗。

物质准备：盐、糖、酱油、姜、蒜、辣椒、胡萝卜、白萝卜、长豆角等腌菜所需的材料，以及一些干净的容器、刀子和筷子，记录表。

活动过程

〔开始部分〕

1. 教师向幼儿介绍二十四节气中的小雪，并引导幼儿回忆之前了解过的关于小雪的习俗。

2. 教师出示一些腌好的泡菜，激发幼儿对腌菜的兴趣。

〔中间部分〕

1. 教师出示自己带来的泡菜，请幼儿观察并讨论泡菜的颜色、形状等特点。

2. 幼儿按照分工合作进行腌菜的活动，教师巡回指导，鼓励幼儿多尝试不同的材料，注意卫生及安全。

【师】小朋友们之前了解了许多腌菜的方法，现在请小朋友们分组分工合作，用自己喜欢的方式腌制泡菜并进行记录。

3. 请幼儿将腌好的泡菜放在一边，组织幼儿进行小组交流和讨论。

【师】你是怎样腌菜的？都用了哪些材料？（幼儿根据记录单进行回答）

【幼 1】首先把需要的东西都洗干净，用刀子切了切，切完后还得晒一晒，然后放进罐子，最后加入老师给煮好的调料水。

【幼 2】我们组的泡菜里边有胡萝卜、白萝卜，还有很长的豆角。其他的都切小块了，长豆角是直接放进去的。

【幼 3】我们组切完的小块没晒，是金老师给我们拿了纸，擦一擦就放进坛子里了，然后倒的煮好的水，那个水有点味道，已经是凉的了，最后还在罐子边上倒了水，密封，过几天就能吃。

※ 小结 ※　腌菜的方法和步骤如下。选择蔬菜→清洗蔬菜→沥干水分（晒一晒或用厨房纸巾吸干）→切蔬菜→腌制→密封存放→食用。

〔结束部分〕

【师】请小朋友们将腌制好的泡菜贴上标签，品尝后评选出最佳口感的泡菜。

活动反思

随着冬季节气活动的开展，孩子们对冬季的气候特点和物候现象有了更多的认识，在班级的天气记录中，孩子们发现最高气温和最低气温的数值都在逐渐降低，温差也越来越大，形成了新的认知。在此基础上，通过收集、播报等方式了解小雪节气习俗，也能够更加深入地理解“小雪”节气后为什么可以腌菜。活动中，孩子们参与热情很高，每个小朋友都选择了喜欢的蔬菜兴高采烈地制作腌菜，把菜切成条、片、块各种形状。制作活动中孩子们十分专注，分享时孩子们十分踊跃，纷纷讲述自己的感受和发现，并且十分期待早日品尝到自己的劳动成果。通过本次活动，孩子们不仅感受到节气活动的乐趣，而且也更加坚定了要继续努力学习中华优秀传统文化的决心。

指导建议

通过亲历腌菜的制作过程，幼儿能够更加深入地了解小雪这一节气的文化背景，从而增强他们的文化自信心和认同感。通过制作腌菜，他们更加直观地了解食物的制作过程，感受实践操作的乐趣，获得了成就感。除此之外，他们还掌握了一项实用的生活技能。亲自制作健康的泡菜，可以帮助幼儿养成健康的饮食习惯，对于培养健康的生活态度和习惯具有积极的影响。

六 奇妙造雪之旅 科学活动

活动目标

乐意与同伴一起动手进行有关雪的科学小实验，培养幼儿探索科学的兴趣。

在观察、操作、实验中，了解人造雪的简单原理。

活动准备

经验准备：在下雪天，教师引导幼儿着重观察过雪花的形态。

物质准备：人造雪样本，人造雪实验材料，人造雪步骤图，雪的形成视频。

活动过程

〔开始部分〕

引导幼儿感知雪的特征。

【师】下雪天小朋友们可以堆雪人，还可以滑雪，玩得非常开心。那你们知道雪花是什么样的吗？

〔中间部分〕

1. 幼儿通过视频了解雪的形成原理。

※ 小结 ※ 雪是由水汽凝结成微小的水滴，然后在云中或地面上通过冰晶的生长和增长形成独特的六角形状，最后落到地面的自然现象。

2. 教师展示人造雪过程，引起幼儿兴趣。

【师】你们看这是什么？它和雪一样吗？

【幼 1】老师拿来的“雪”摸上去一点儿也不凉，捏着软软的，我可以捏个小雪球。

【幼 2】这个“雪”摸着湿湿的，很软很软，我用放大镜看了半天，也没找到一片雪花，这不是真的雪。

【幼 3】它和真的雪不一样，我想堆个大雪人，这得需要好多的雪，我现在就想把白白的雪都做出来。

3. 教师出示人造雪实验材料，幼儿观看人造雪步骤图。

【师】请小朋友们看一看步骤图，我们要怎么制作呢？

【幼 1】先把白色的粉末倒进盘子里，然后往盘子里倒水。

【幼 2】倒水的时候要一边搅拌一边加水，最后人造雪就完成啦。

4. 幼儿操作。

【结束部分】

1. 了解人造雪在生活中的应用。

【师】人造雪的种类还有很多，如我们在玉渊潭公园“冰雪嘉年华”上看到的雪也是人造雪。

2. 幼儿整理实验材料，教师提醒幼儿不要把造雪粉倒入下水道或马桶，避免造成堵塞。

活动反思

小雪后天气越来越冷了，幼儿开始盼望着雪的到来，他们对“雪”这种在寒冷天气里出现的自然现象充满兴趣。在漫天飞舞的雪花中堆雪人、打雪仗是多么惬意的事情啊！从幼儿的聊天中更发现了他们对“雪”的期待，为了满足他们“玩雪”的愿望，激发他们的探究热情，丰富孩子们的知识储备，我们开展了此次活动。活动中，幼儿通过视频了解了天然雪的形成原理，对人工造雪充满期待，他们主动观看制作步骤图，彼此间还相互提醒，确保材料使用准确无误，亲手制造出了雪，满足了在不下雪的天气里玩雪的愿望。活动中幼儿表现出主动学习的热情，展现了对实验操作的浓厚兴趣。但是播放“雪的形成”视频时间稍长，对后面制造雪、了解人造雪在生活中的应用的时间造成了影响。因此，要注意教育活动节奏把控，把更多的时间留在幼儿探究过程里。

▲ 主题墙一角

指导建议

幼儿乐于参与科学活动，他们怀着一颗好奇的心，与同伴们一同投身于有趣的人造雪实验中。通过实践的操作，锻炼了他们的观察力和动手能力，深入理解了人造雪的奥秘，在这个过程中，幼儿学会了合作与分享，他们互相帮助、共同探讨，一起解决实验中遇到的问题，更在实践中锻炼了能力、拓宽了视野。

七 盐画雪花 美术活动

活动目标

学习使用盐绘画的方法，体验不同作画方式的乐趣。

认识雪花的特征，感受雪花的美丽。

激发幼儿对雪花的喜爱之情。

活动准备

物质准备：乳胶、硬卡纸、不同形状雪花的图片、盐、歌曲《雪花飘飘》。

活动过程

【开始部分】

引导幼儿回忆雪花的形状和特点，激发幼儿兴趣。

【师】小朋友们知道雪花的形状吗？我们一起来创作一幅特别的雪花作品。

【中间部分】

1. 教师出示不同形状的雪花，幼儿观察画雪花的方法。

2. 教师出示材料，介绍用盐画雪花的方法。

（1）用乳胶在黑色卡纸（有轮廓、无轮廓）上画出雪花的外形。

（2）将盐撒到雪花上，将卡纸立起来抖掉多余的盐。

3. 幼儿自主选择材料进行创作，教师播放背景音乐《雪花飘飘》，巡回指导，鼓励幼儿发挥想象，创作出不同的雪花造型。

4. 幼儿展示自己的作品，互相欣赏并分享创作的过程和感受。教师给予积极的评价和鼓励。

【幼 1】我选的是卡纸上有雪花图案的，旁边的小雪花是我自己画的。

【幼 2】我选的是空白的纸，上边的雪花都是我自己画的，我画的时候，突然忘了雪花长什么样子了，×× 说美工区墙上有，我就看了一下，画出来三种不同的雪花。

【幼 3】我觉得 ×× 的雪花还挺好看的，因为她画了好几种造型，放在一起很漂亮。

〔结束部分〕

幼儿整理操作材料，教师在美工区投放材料，鼓励幼儿继续探索乳胶盐画的创作方法。

活动反思

通过制造人造雪，幼儿终于过了一把“玩雪”的瘾，在观看天然雪形成的视频中，雪花造型丰富，晶莹剔透，让幼儿深深地喜爱。班级美工区投放了雪花剪纸的材料，但是幼儿并不满足，他们觉得雪花剪纸是平面的，没有立体感，为了满足他们想要立体雪花的愿望，体验不同方式作画的乐趣，在大雪节气前夕，教师与幼儿一起玩转雪花！活动中，幼儿对使用乳胶和盐绘立体雪花十分感兴趣。为了让不同发展水平的幼儿都能够参与到活动中，教师投放了不同的材料（画有雪花轮廓的卡纸和没有雪花轮廓的卡纸）。幼儿在创作过程中发现如果用力不均匀会出现线条粗细不一致，用力过猛会出现乳胶过多而成坨的问题，在教师和同伴的共同帮助下，有的将粗细不一致的补齐，有的使用废旧水彩笔蘸；也存在有的小朋友因力气小而挤不动乳胶需要同伴和教师帮助的情况，今后会在幼儿与材料互动方面多考虑。

指导建议

雪作为冬季的代表，雪花的结晶形状、独特花纹都蕴含了大自然的鬼斧神工。本次活动中，教师引导幼儿用盐作画，这是一种新颖的绘画方式，它突破了传统绘画的局限，展现了雪花的立体效果，幼儿在获得充分操作体验的同时抒发自己对雪花的喜爱和对冬季的独特情感。这种情感表达的过程不仅可以培养他们的审美观念，丰富他们的内心世界，还能拓宽他们的艺术视野，提升情感表达能力。教师在活动中关注幼儿与材料的互动情况，给予幼儿适时的帮助，活动后能够对材料的适宜性、层次性进行反思，为今后开展相关活动积累经验。

节气含义：『大雪』名称是个比喻，反映的是这个节气期间寒流活跃气温下降、降水增多，并不是表示这个节气期间下很大的雪。节气大雪的到来，意味着天气越来越冷，降水量增多。

物候现象：鹖鴠不鸣，虎始交，荔挺出。

大雪腌肉

食育活动

【大雪】

活动目标

了解大雪节气的特点和腌肉的原理，感受腌肉的独特魅力。

培养幼儿的观察力和动手能力，增进亲子之间的感情，体验腌肉的乐趣。

活动准备

物质准备：五花肉、盐、姜、蒜、花椒、腌肉容器、刀具等。

活动过程

【开始部分】

幼儿向家长介绍大雪节气习俗。

家长向幼儿讲解腌肉的方法和注意事项。

包括食材的选择和处理、腌制的时间和温度等，让幼儿了解腌肉的基本知识和技巧。

【中间部分】

亲子共同腌制五花肉。

家长和幼儿一起动手腌制五花肉，让幼儿体验动手的乐趣。

【结束部分】

引导幼儿讲述自己参与活动的体验和感受，培养幼儿的表达能力和自信心。

活动反思

有了上一次腌菜的经验，幼儿对腌肉也表现得兴致勃勃，再加上家长们和幼儿品尝过蒸制好的咸肉，幼儿对自己亲手腌肉更是跃跃欲试。第二天交流的时候，幼儿纷纷讲述自家腌制咸肉的过程，从盐和肉的比例到抹盐的注意事项都讲得头头是道。他们给爸爸妈妈讲述了在幼儿园了解的大雪习俗，爸爸妈妈也给孩子们介绍了腌肉的方法、注意事项等，几个人分工合作一起腌肉，爸爸炒盐，妈妈和幼儿去找腌肉的容器和压在肉上面的重物，把它们清洗并擦干，保证其干燥，幼儿还想出了在重物外面套上干净塑料袋的方法，保证肉不沾尘土。等炒好的盐冷却以后，妈妈和幼儿把盐抹在肉上，爸爸负责把肉一层层放好，压上重物后把容器放到没有暖气的地方，整个过程都其乐融融。当幼儿在分享制作腌肉时，有的小朋友发现在腌制之前把肉清洗过更是着急地提醒“哎呀，肉洗完再腌容易坏”，还说“没事，我家肉腌好了送你家一块”。亲子活动激发了家长对节气活动的兴趣，促使他们更加支持幼儿园安排的亲子活动。幼儿通过相互分享，促进了同伴间的友谊。

指导建议

腌肉是中国人民在长期的生活实践中，为适应冬季寒冷的气候而发明的一种独特的食物保存方法。通过腌制，肉质变得更加美味可口，同时也延长了保存期限，为寒冷的冬季提供了丰富的营养来源。幼儿与家长共同腌制肉品，不仅培养了自身的观察力和动手能力，进一步培养了他们的生活技能。活动过程中，父母可以和孩子深度交流，分享生活的点滴，有效的互动不仅可以增强亲子关系，更使幼儿学会感恩和珍惜。这种家庭教育和传统文化的传承相结合的活动方式，不仅有助于幼儿的社会性发展，还能够使家庭更加和谐美满。

九 雪之辩辩乐

活动目标

幼儿能够专注倾听他人的观点，理解辩论的规则。

在辩论过程中可以明确表达并坚持自身的的看法，体验参加辩论活动带来的乐趣。

活动准备

经验准备：对辩论赛规则有所了解。

物质准备：辩手号牌、各队的标志、正反方观点图片各一套、统计表一张、正反方标记牌若干、课件、颁奖背景音乐。

活动过程

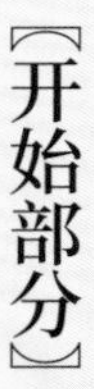

【开始部分】

1. 小主持人宣布今天的辩论主题：下雪的好处与坏处。

2. 教师宣布辩论规则。

（1）正方先阐述观点，然后反方阐述观点。

（2）一方辩手阐述完观点后，另一方辩手才可以阐述。

（3）当看到别人已经站起来讲话时，不能打断别人，要倾听别人说话。

3. 幼儿分为两组进行辩论。正方：下雪好；反方：下雪不好。

【中间部分】

1. 正反方发言人轮流陈述本方的观点及理由。其他幼儿可补充或反驳对方的观点及理由。

2. 正反方队员自由辩论。（教师可适时参与或引导幼儿辩论，提示幼儿认真倾听对方观点，等对方发言结束坐下后再站起来表达自己的观点）

（1）正方幼儿表达观点。

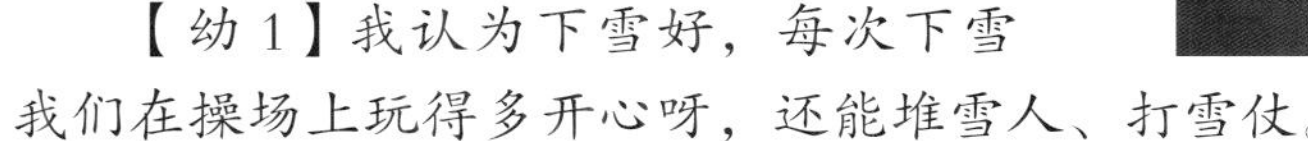

【幼1】我认为下雪好，每次下雪我们在操场上玩得多开心呀，还能堆雪人、打雪仗。

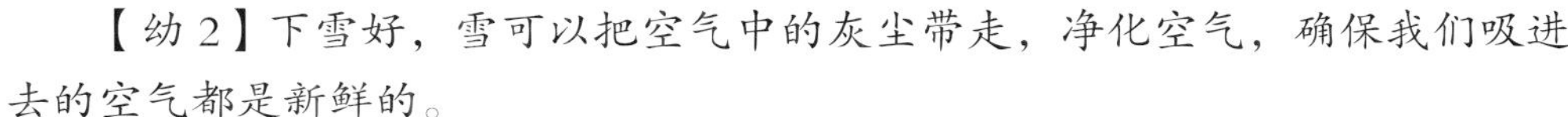

【幼2】下雪好，雪可以把空气中的灰尘带走，净化空气，确保我们吸进去的空气都是新鲜的。

【幼3】我和妈妈一起搜集资料的时候发现，雪还可以保暖呢，雪在达到4~6厘米时就可以保暖，这么冷的冬天有的植物也需要保暖啊。

（2）反方幼儿表达观点。

【幼1】我认为下雪不好，一下雪马路上都是雪，开车都不好开。

【幼2】下雪不好，下雪天路太滑了，走路还会摔跤，有时还会发生交通事故。

【幼3】有的雪下得太大，还能把房子压塌，家都没了，那人们怎么睡觉呀，我认为下雪不好。

3. 正反方发言人总结本方的观点及理由。

4. 宣布辩论结束，正反方发言人代表各自队伍进行总结。

5. 教师对辩论进行总结，肯定双方的观点都有道理，同时指出不足之处。

【结束部分】

1. 正反方辩手握手，相互肯定。

2. 教师为双方辩手颁发奖牌，合影留念。

活动反思

本次活动根据大班幼儿年龄特点设计成辩论形式，为了让幼儿充分阐述自己的观点，教师引导幼儿在辩论前积极收集正反方辩论材料，作为自己的论据支持。正是因为在辩论会开展之前做足了充分的前期准备，在活动过程中，幼儿才能够充分表达自己的观点，并说明理由。幼儿在辩论活动过程中，提高了语言表达能力，锻炼了逻辑思维能力，学会倾听和尊重他人。通过本次活动，幼儿明白任何事物都有好与不好的两面，并不是绝对的好或者不好。

指导建议

幼儿阶段是培养倾听和表达能力的重要时期。通过开展辩论赛，幼儿专注倾听他人的观点，他们能够更好地了解和尊重他人的意见，增强同理心和沟通技巧。了解辩论的基本要求，也能帮助幼儿更好地理解辩论的规则和流程。在辩论中清晰表达自己的看法并坚持己见，能够锻炼思维能力和表达能力，有助于提高自信心，培养批判性思维和独立思考能力。通过辩论活动，幼儿可以结识到志同道合的朋友，同时，他们也可以通过不断尝试和学习，逐渐提升自己的辩论技巧和综合素质，为未来的学习和生活打下坚实的基础。

节气含义：『冬至』又称日南至、冬节、亚岁等，兼具自然与人文两大内涵，既是二十四节气中一个重要的节气，也是中国民间的传统祭祖节日。时至冬至，标志着即将进入寒冷时节，民间由此开始『数九』计算寒天（民谚：『夏至三庚入伏，冬至逢壬数九』）。

物候现象：蚯蚓结，麋角解，水泉动。

冬至的昼夜魔法

科学活动

【冬至】

活动目标

感知白天和黑夜的变化，知道冬至白天最短、黑夜最长。

通过观察和体验，了解昼夜变化和形成的原因。

激发幼儿对自然现象的好奇心和探究欲望。

活动准备

物质准备：课件、地球仪、手电筒、笔。

活动过程

【开始部分】

谈话导入，引导幼儿讨论白天和黑夜的不同感受。

【中间部分】

1. 教师出示地球仪，引导幼儿观察地球的自转。

2. 教师讲解地球自转是产生昼夜更替的原因，即地球自转时，面向太阳的一面是白天，背向太阳的一面是黑夜。

3. 幼儿分组操作，用手电筒模拟太阳光照射地球，记录观察结果，感受昼夜更替。

（1）幼儿记录自己的观察结果，用画表示昼夜更替。

（2）幼儿互相交流分享自己的观察结果，进一步加深对昼夜变化的认识和理解。

【幼 1】我们用手电筒模仿太阳光，当手电筒照射地球仪的时候，地球仪有一半是亮的，有一半是黑的。

【幼 2】哦，我知道了，现在我们是白天，太阳光正在直射我们的地球。

4. 教师用课件展示地球自转的动画，帮助幼儿更直观地理解，了解冬至白天最短、黑夜最长。

〔结束部分〕

※ 小结 ※　我们通过观察、做实验和交流，了解了昼夜的形成原因和变化规律，希望小朋友们能够在生活中多观察、多思考，发现更多的自然奥秘。

活动反思

本次活动中，幼儿采用手电筒模仿太阳照射地球，初步了解了白天和黑夜产生的原理，并通过动画视频进一步直观地了解了冬至昼最短、夜最长的现象。在活动过程中，幼儿提出疑问：当白天和黑夜出现的时候，月亮在什么位置呢？为了满足幼儿进一步探究的愿望，教师在班级区域中进一步投放了三球仪等实验材料，引导幼儿自由操作、观察，并将自己的发现与同伴分享。

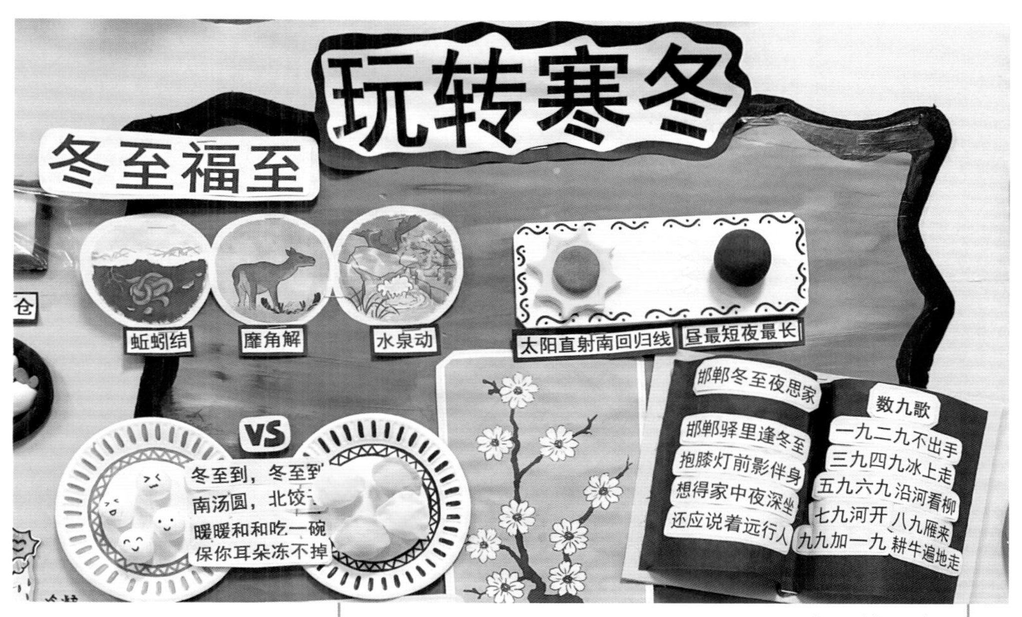

▲ 主题墙一角

指导建议

本次活动引导幼儿在轻松愉悦的氛围中探索科学奥秘，激发他们对天文知识的兴趣。在活动中，教师注重调动幼儿的积极性和主动性，让他们在解决问题的过程中体验到学习的乐趣。教师能够关注幼儿的兴趣需求，给予及时回应并做出调整，帮助幼儿更好地理解自然界中的规律，从而培养他们热爱自然、探索未知的良好品质。

趣味消消乐 科学活动

活动目标

掌握不同消寒图的记录方式，培养幼儿简单的计数能力，理解九九的含义。

培养幼儿的耐心和坚持精神，体会完成九九消寒图的成就感。

活动准备

物质准备：课件、三种不同类型的《九九消寒图》、纸、笔。

活动过程

【开始部分】

1. 教师引导幼儿回顾冬至习俗，如冬至吃饺子，激发幼儿对冬至的兴趣。

2. 介绍《九九消寒图》，引导幼儿了解其含义和用途。

【中间部分】

1. 出示三种消寒图，幼儿分享记录方式。

【师】梅花、文字、铜钱这三种消寒图，你喜欢哪种消寒图？谁知道它的记录方式？请大家来说一说。

【幼 1】我喜欢梅花型消寒图，这幅图里一共有九朵梅花，每朵梅花有九个花瓣，我们每天需要涂一个花瓣，涂完九朵梅花。

【幼 2】我喜欢文字型消寒图，我知道它由九个字组成，每个字都是九笔，我们按照笔顺，每天涂一笔。

【幼 3】我没有见过铜钱型的，铜钱型的应该怎样记录呢？

幼儿猜想铜钱记录方式，教师讲解铜钱型消寒图记录方式。

※ 小结 ※ 梅花，每天涂一个花瓣；文字，按文字笔顺顺序每天涂一笔；铜钱，上阴下晴雪当中，左风右雨要分清。

2. 幼儿自主选择，并完成当日的消寒图记录。

【师】请小朋友自由选择自己喜欢的消寒图，并完成今天的消寒图记录。每天早上来园，小朋友要记得记录。特别需要注意的是，选择铜钱型消寒图的小朋友，需要每天晚上提前看天气预报，根据第二天的天气情况进行记录。

【结束部分】

幼儿将完成的“九九消寒图”在区域活动时与同伴进行交流分享。

活动反思

教师通过设计与开展此次“九九消寒图”活动，培养了幼儿做事的恒心，提高了持续记录的能力。消寒图是古人用来记录冬至后天气变化的一种图示，幼儿可以通过三种方式来记录。文字记录能培养他们的观察力和书写能力；画梅花记录则可以激发他们的想象力和创造力；而铜钱记录法则有助于他们学习整理信息。这三种方式各有千秋，都能帮助幼儿更好地了解和感受冬至的韵味。在活动过程中，幼儿认识了消寒图的种类，学习了它们的记录方式，并根据自己的兴趣选择了喜欢的消寒图类型进行长期记录。通过一段时间的记录，幼儿提出了许多新奇的记录方法，有的提议用数字代替梅花的形状，有的建议用符号来代表天气变化。经过一番讨论，他们最终决定使用不同颜色来区分天气，以此直观地展现气温的变化。在确定了颜色之后，新的疑问也随之产生。在梅花型消寒图中先涂哪朵梅花的哪个花瓣？这个问题引发了幼

儿的深入思考，他们开始寻找解决问题的方法。有的幼儿提议先用一个简单的符号表示整体布局，再逐步涂色；有的幼儿提出可以使用参照物的方法来确定位置。这也是教师设计本次区域活动的意义。

指导建议

冬至是标志着冬季正式来临的节气，有着丰富的文化内涵。“数九”是一种别具特色的传统习俗，它代表人们盼望春回大地的期待和祝福。通过消寒图，幼儿在持续记录的过程中感受季节的更替，同时感受到传统文化的独特魅力和深厚底蕴。教师还可以引导幼儿学习“数九歌”，更好地了解冬季的规律，在歌唱中感受季节的变化。

十二 巧手熬制腊八粥 食育活动

活动目标

认识腊八粥的食材，学习简单的烹饪技能，如搅拌、熬煮等。

能够与同伴合作完成任务，增强实践能力。

在活动中感受劳动的快乐，珍惜粮食、尊重劳动成果。

活动准备

物质准备：课件、腊八粥制作食材（大米、小米、红枣、薏米、桂圆、葡萄干、核桃、红豆、绿豆、莲子、花生米、红糖）、腊八粥制作炊具（4个电饭煲）、表格。

活动过程

【开始部分】

观看腊八粥制作视频，了解腊八节的由来。

【中间部分】

1. 回顾腊八节的由来。

2. 梳理腊八粥制作的食材。

【师】腊八粥里都有哪些食材？为什么叫腊八粥？

【幼 1】有红枣、小米、绿豆……

【幼 2】因为有八种食材，所以叫腊八粥。

3. 教师展示食材。

4. 幼儿自主选择食材，熬制腊八粥。

（1）教师介绍食材、记录表，讲解熬制过程中应注意的问题。

（2）幼儿自愿组合，分为四组，在组内商量选材，并做记录。

【幼 1】我要红枣，红枣甜甜的。

【幼 2】我喜欢红豆，红豆好吃。

【幼 3】可以放一点莲子，奶奶说莲子是去火的。

【师】是所有的材料同时放进锅里吗？

【幼 1】是一起放进去的，一起放进去好吃。

【幼 2】不是，要先把小的放进去再放大的。

【幼 3】不对，我家煮过，先放硬的，再放软的。

（3）教师提示熬制腊八粥的注意事项（水量控制）。

（4）幼儿自由选取材料熬制腊八粥，教师巡回指导提示。

整理材料，户外活动后进行品尝。

【结束部分】

活动反思

本次活动中，教师引导幼儿观看腊八粥制作视频，引导幼儿了解了腊八节的由来，理解了腊八节的意义。幼儿在梳理制作腊八粥的过程中认识了不同的食材，根据自己的喜好选择了不同的食材并做了记录，与同伴分工合作熬制腊八粥，更好地感受中国传统文化的魅力，提高了他们的社会交往能力和协作能力。此外，他们还可以体会劳动的意义和价值，体验劳动的快乐。

指导建议

食育是一种回归生活的教育，更是一种回归教育的生活。腊八节在农历十二月初八，是中国传统节日之一，这一天人们会喝腊八粥，它由多种谷物和豆类制成。对于幼儿来说，腊八节不仅是一个简单的习俗，更是了解传统文化和体验生活的重要机会。作为一种传统的美食，腊八粥不仅美味可口，而且营养丰富，对于培养幼儿的健康饮食习惯具有积极意义。建议家长引导幼儿适量食用腊八粥，帮助他们养成健康的饮食习惯，了解食物的多样性和营养物质的重要性。

筹备我的新年联欢会

美术活动

活动目标

了解新年联欢会筹备的各项任务和流程，分组完成筹备工作，培养沟通能力和问题解决能力。

增强幼儿对新年联欢会的期待和参与热情，激发幼儿对传统文化和节日的喜爱与尊重。

活动准备

物质准备：彩色纸、白纸、毛笔、剪刀、皮筋等材料。

活动过程

【开始部分】

谈话导入，激发幼儿兴趣。

【师】新年快要到了，有的小朋友提出来想要装饰一下咱们的班级，昨天我们已经分好了小组，那今天我们就一起来制作新年的装饰品。

幼儿分组制作新年装饰品。

1. 灯笼组：大红灯笼高高挂。幼儿根据步骤图进行灯笼的粘贴制作，教师关注幼儿制作过程并指导。

【幼 1】我要制作一个大大的灯笼，在新年习俗里我听到有一句话是“大红灯笼高高挂”，我也想制作个红灯笼挂起来。

【幼 2】有好几种制作灯笼的材料，我先看看步骤选一个简单的。

【幼 3】咱们两个一起做吧，你帮我扶着，我来缠一下皮筋。

2. 福字组：迎新春画“福”忙。教师为幼儿提供多种福字图片，幼儿自由选择纸张画福字。

【幼 1】我想用这个模板印一个福字，再进行装饰。

【幼 2】我要自己画，我要选一个可爱的福字照着写。

【幼 3】我也要自己画，我要选一个有小兔子图案的福字。

3. 拉花组：缤纷拉花秀。幼儿自由选择不同拉花方式进行制作。

【幼 1】我们用彩纸做成圆环然后连接起来。

【幼 2】咱们一起剪彩色纸条，剪得长长的连接起来，变成彩虹彩带怎么样？

【幼 3】我们用拉花来装饰上床的楼梯，这样我们午睡时就会有个好心情。

4. 窗花组：吉祥窗花细细剪。幼儿根据自己的想象大胆进行剪纸创作。

【幼 1】我选一个带图案的纸，对折一下剪出来就是对称的。

【幼 2】我自己设计一个窗花，剪一个爱心形状的。

【幼 3】我也选个带图案的，但是折得有点复杂，需要找老师帮助一下。

【结束部分】

师幼进行环境布置，迎接新年到来。

活动反思

在新年即将来临之际，教师和幼儿共同筹备了一场富有传统文化气息的新年联欢会。在筹备过程中，幼儿一起制作灯笼、拉花、福字和剪窗花，不仅锻炼了他们的动手能力，也让他们在实践中感受到了传统文化的魅力。在制作灯笼时，幼儿表现出极高的热情，他们用彩纸、剪刀、胶水等工具，认真地折叠、粘贴，制作出一个个美丽的灯笼。拉花和窗花的制作同样让幼儿兴奋不已，他们在制作过程中找到了许多规律，如四方连续、五等分剪、六等分剪……制作出美丽的拉花和窗花，为新年联欢会增添了浓厚的节日氛围。教师引导幼儿学习基本的书法技巧，用毛笔在红纸上画“福”字，虽然幼儿的书法技巧还不够熟练，但他们画出的“福”字充满童趣。在本次活动中，教师注重幼儿的个体差异和兴趣点，满足每个幼儿的学习需求，让他们在轻松、愉悦的氛围中感受过新年的热闹喜庆。

▲ 主题墙一角

指导建议

幼儿以他们独特而富有创意的方式，精心布置班级环境，为迎接新年的到来营造出浓厚的喜庆氛围。他们充分发挥自己的想象力和创造力，用五彩斑斓的装饰品——拉花、福字、窗花和寓意吉祥的灯笼等元素装点教室。幼儿在筹备、装饰的过程中不仅感受到新年的特殊意义，更能够深刻理解庆祝新年是一种对未来的美好寄托。在这个过程中，集体凝聚力得到了进一步的增强，他们更加热爱自己的班级和伙伴。同时，通过布置班级环境，幼儿的动手能力和审美能力也得到了锻炼和提高。

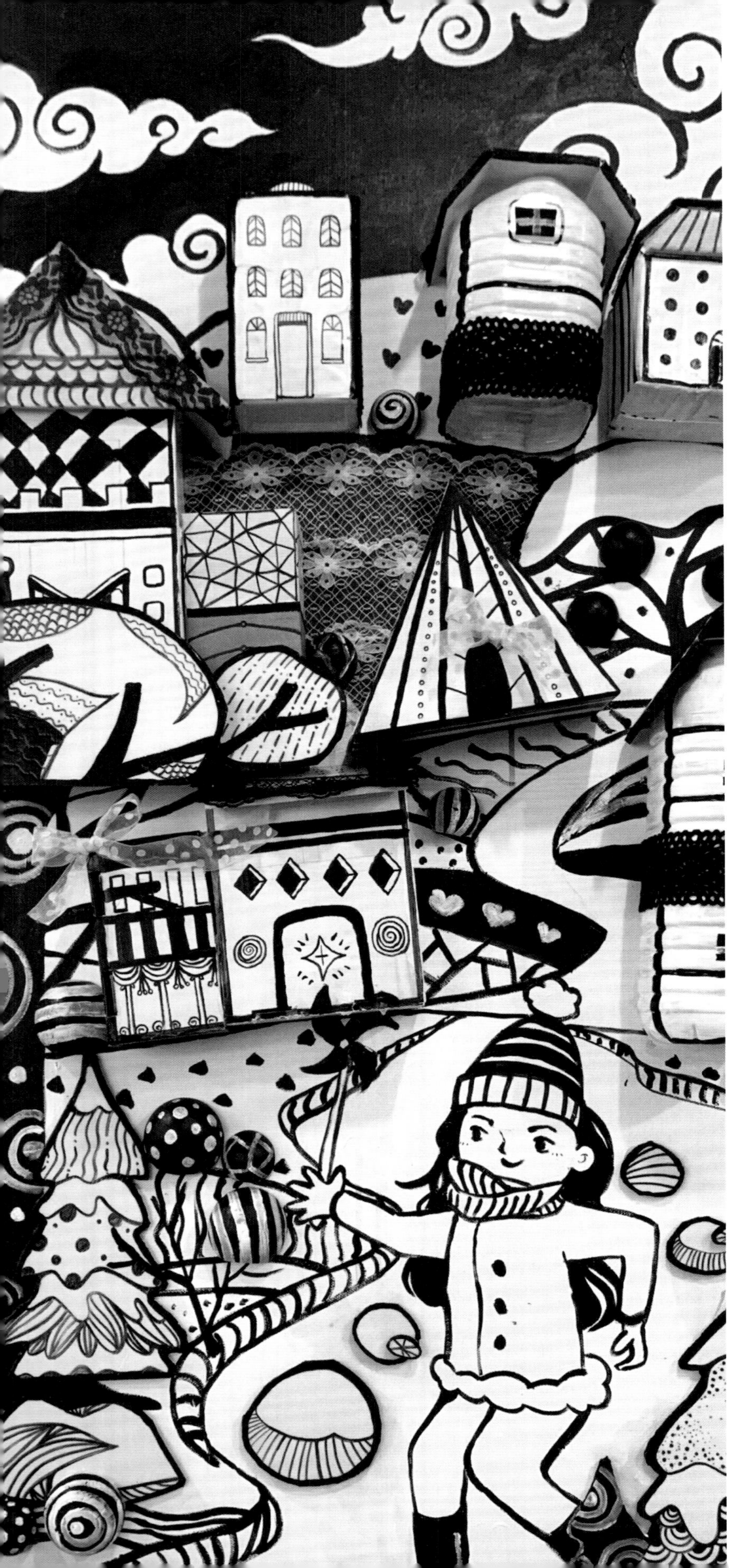

小寒

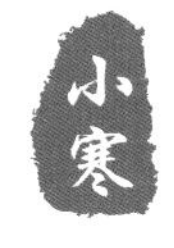

节气含义：冷气积久而寒，小寒是天气寒冷但还没有到极点的意思。

物候现象：雁北乡，鹊始巢，雉始雊。

十四 小寒不怕冷 健康活动

【小寒】

活动目标

了解小寒节气，知道随着小寒节气的到来，冬季进入最寒冷的阶段。

知道冬季有哪些户外运动，能向同伴大胆、清楚地介绍。

知道锻炼身体的重要性，培养不怕冷的意志。

活动准备

经验准备：有过冬季户外运动经历。

物质准备：课件、图片。

活动过程

〔开始部分〕

谈话导入。

【师】小朋友们，今天是小寒节气，在每年的1月5~7日，小寒标志着一年中最寒冷的日子开始了。

〔中间部分〕

1. 引导幼儿分享冬季的运动方式。

【师】小朋友们，你们知道在寒冷的冬季，人们有哪些运动方式吗?

【幼1】在冬天我们可以跑步，跑步的时候身体热得快。

【幼2】还可以跳绳，每次在幼儿园跳绳我都会出汗。

【幼3】有冰雪运动，妈妈说冬奥会就是关于冰雪的运动。

2. 引导幼儿讨论户外活动不怕冷的方法。

【师】现在天气变冷了，在户外活动的时候，有些小朋友总是怕冷，你们有什么好办法让身体暖和起来而不怕冷呢?

【幼1】我们可以穿暖和一些。

【幼2】我们还可以玩游戏。

【幼3】我们得跑起来，动起来。

3. 幼儿自由选择不怕冷的体验方式。

【师】刚才小朋友们说了很多不怕冷的方式，现在请小朋友们选择你认为能让自己不怕冷的办法，到户外进行体验。

【结束部分】

1. 幼儿分享体验后的感受。

2. 教师与幼儿共同总结，冬季在户外不怕冷的方式就是让自己充分地运动起来，这样才能让身体暖和起来而不怕冷。

活动反思

活动前，幼儿搜集了关于小寒的知识，通过本次活动了解小寒节气的内容，结合幼儿前期经验准备，幼儿对本次活动积极性高，纷纷展现浓厚的兴趣。本次活动不仅使幼儿了解了小寒节气的特点，还使他们明白了锻炼身体的重要性。通过亲身体验和互动游戏，培养了幼儿不怕冷的意志和积极参加冬季锻炼的习惯。同时，教师也认识到了在活动组织中需要更加注重细节问题，如加强安全教育、关注个体差异等。在活动的最后阶段，教师鼓励幼儿分享自己不怕冷、积极参加冬季锻炼的经验，勇敢面对寒冷。

指导建议

《幼儿园教育指导纲要（试行）》指出，幼儿园要开展丰富多彩的户外游戏和体育活动，培养幼儿参加体育活动的兴趣和习惯，增强幼儿体质，提高对环境的适应能力。冬季的户外运动，对幼儿的身心发展具有不可或缺的价值，寒冷的天气并不能成为运动的障碍，相反，它更像挑战自我的机会。本次活动，教师引导幼儿自由选择让自己身体变暖和的方式，幼儿通过体验，感受到户外活动时运动是让身体暖和起来的最佳方式。这样的方式，能够更好地引导幼儿体会运动的魅力与价值。

十五 趣味冻冰花 科学活动

活动目标

尝试用多种材料制作不同的冰花。

培养幼儿的动手能力和创新思维，体验冬季制作冰花的乐趣。

活动准备

经验准备：知道水在 0 ℃及以下会结冰。

物质准备：形状各异的透明容器、各种颜料、水、小棒、窗花、干花、小块塑料玩具、冰花制作步骤图。

活动过程

〔开始部分〕

幼儿观察冰花图片，激发制作兴趣和愿望。

【师】这些美丽的冰花是用什么材料做成的呢？

〔中间部分〕

1. 教师出示各种制作材料和冰花制作步骤图。

2. 幼儿观察步骤图，说一说自己想要制作的冰花样式。

【幼 1】我想在纸上先画上我自己喜欢的图案，然后再剪下来，把它放在水里冻成冰花。

【幼2】我想做一朵五颜六色的冰花。

【幼3】我想制作一朵六边形的冰花，就像雪花有六个瓣儿一样。

3. 幼儿自由创作，尝试用不同的材料制作冰花，教师巡回指导。

（1）教师引导幼儿探索不同的制作方法，鼓励幼儿创新。

（2）鼓励幼儿用不同的材料和颜色制作出不同的冰花。

4. 幼儿将制作完成的冰花成品放到户外场地，利用户外活动时间进行观察。

〔结束部分〕

1. 作品展示，互相欣赏。

将幼儿的冰花作品展示出来，互相交流制作经验。

【幼】我的小花都聚在一起了，怎样才能让小花在冰的中间？

2. 用自己制作的冰花作品装饰幼儿园树木，供其他班级幼儿欣赏。

〔活动延伸〕

根据幼儿的疑问，再次尝试冻冰花。

活动反思

在活动中，幼儿通过互动和讨论，增强了对冬季结冰现象的认知。幼儿在冻冰花过程中表现出极高的好奇心和探索欲望，他们根据自己的需要自主选择适宜的材料，不断尝试新的制作方法，巧妙地运用不同形状、大小、厚薄的器皿，放入自己喜欢的“冰花”，观察冰花从无到有的变化过程，冻制成形态各异、精致夺目的作品。同时，幼儿还在活动中不断思考，根据冻冰花的结果，发现并提出问题：如何将冰花固定在冰的中间？如何制作出色彩分明的冰花？教师及时给予他们帮助和指导，并鼓励他们勇敢尝试，不怕失败，让他们在实践中不断成长。

指导建议

冻冰花是北方冬季经常开展的活动，在活动过程中，幼儿通过制作冰花，能够更深入地感受制作冰花的乐趣，增强对季节的感知和理解。这种富有个性的创作活动非常有助于激发幼儿的创新思维，培养他们的创造力和想象力。通过不断的尝试和探索，逐渐培养其独立思考和解决问题的能力。建议家长朋友也参与其中，与幼儿一起制作冰花，让幼儿在亲子互动中享受制作冰花的乐趣。

给小桃树穿件新棉袄 音乐活动

活动目标

通过倾听、跟唱、模仿等方式逐步熟悉歌曲，把握节奏和旋律。

用适宜的肢体动作创造性地表现歌曲内容，提升音乐表现力。

积极参与音乐活动，在演唱和表演中体验音乐带来的快乐和成就感。

活动准备

经验准备：对桃树有初步的了解。

物质准备：歌曲《小桃树》《雪绒花》《雪的梦幻》、乐谱、钢琴。

活动过程

【开始部分】

听音乐入场：播放入场音乐《雪绒花》，幼儿入场。

（1）发声练习。

【师】小八字脚站好，抬头挺胸，小手放腹部，快速吸气、呼气，慢速吸气呼气。

（2）回顾歌曲内容。

【中间部分】

1. 教师展示小桃树的图片。

【师】小朋友们，你们看这是什么呀？

【幼】小桃树。

【师】小桃树在冬天会怎么样呢？

【幼 1】会很冷。

【幼 2】可能会被冻坏。

2. 教师播放歌曲，幼儿欣赏。

【师】听了这首歌，你们有什么感觉呀？歌曲里都唱了什么？

【幼1】很欢快。

【幼2】感觉很温暖。

【幼3】有小兔子，长了长长的绒毛，还听到了桃花笑。

【幼4】我听到了北风呼呼吹，这是一首描写冬天的歌曲。

【幼5】小桃树好可怜呀，冬天到了，都没有人管她。

3. 出示图谱，学习歌曲。

4. 引导幼儿用悦耳的声音演唱歌曲。

【师】这首歌非常优美，你们应该用怎样的声音来演唱呢？让我们一起用优美的声音来演唱这首歌曲吧！

5. 幼儿用动作表现歌曲。

【师】这首歌曲非常优美，你们可以用动作来表现这首歌吗？想一想，怎样用动作来表现小桃树穿上新棉袄？谁愿意表演一下小桃树穿上新棉袄？（幼儿自由表现，教师根据幼儿表现进行评价）

【幼1】“北风呼呼吹”，这句我们可以把手放在嘴的两边，左边吹一下、右边吹一下。“冬天来到了”，就用双手抱住肩膀，抱在一起表示很冷。

【幼2】小兔子的耳朵就把小手放在头顶上，唱到“长绒毛”的时候就左边摸一下胳膊，右边摸一下胳膊，从上往下顺下来。

【幼3】唱到“你”，手指一下外边；唱到“我”，双手指一下自己。

6. 幼儿完整表现歌曲。

【结束部分】

听音乐有序离场，音乐《雪的梦幻》。

附《小桃树》歌词：

北风呼呼吹，冬天来到了，
我们穿棉衣，小兔长绒毛。
只有那可怜的小桃树呀，冬天挨冻怎么受得了。
你去拿根绳，我去抓把草，
也让小桃树，穿件新棉袄，待到那明年春风吹呀，
满园桃花都向我们笑！

活动反思

本次活动中，幼儿听音乐入场，引导幼儿放松身心，进入音乐活动中。教师引导幼儿欣赏歌曲，用肢体动作帮助幼儿记忆歌词、表现歌曲，逐步引导幼儿理解歌曲，并逐渐掌握歌曲的节奏和旋律。通过学习演唱歌曲，幼儿可以逐步掌握音乐技巧，提升自己的音乐表达能力和感受力，更重要的是，学习这首歌曲更是对幼儿情操的一种陶冶。

指导建议

作为一种艺术形式，音乐具有独特的魅力和表现力。《小桃树》以其优美的旋律和深刻的内涵，成为培养幼儿情感的重要载体，通过演唱歌曲，幼儿能够领略到音乐带来的愉悦。这首歌曲传递了大自然的美好和力量，引导幼儿去感受大自然的美妙和神秘。不仅能培养他们热爱大自然、珍惜生命的情感，更能塑造其积极向上的个性和品格。

节气含义：二十四节气中的最后一个节气，是天气寒冷到极致的意思。这个节气处在三九、四九时段，此时寒潮南下频繁，是一年中最寒冷的时节，也是一年中雨水最少的时期。

物候现象：鸡始乳，征鸟厉疾，水泽腹坚。

温暖的围巾

编织活动

【大寒】

活动目标

尝试使用不同的方式编织围巾，体验编织活动的乐趣。

学习编织围巾的基本操作步骤，初步掌握如何开始和结束编织。

活动准备

经验准备：知道佩戴围巾是御寒取暖方式的一种。

物质准备：围巾编织材料和工具、围巾编织步骤图或视频。

活动过程

【开始部分】

教师介绍编织围巾所需的材料和工具。

【中间部分】

1. 幼儿自主选择编织材料和工具。

2. 教师演示编织围巾的基本步骤，引导幼儿了解如何开始和结束编织。

3. 幼儿根据编织步骤图或视频分组编织围巾。

【结束部分】

幼儿展示并介绍作品，吸引更多的小朋友学习编织。

活动反思

活动中，教师引导幼儿通过实践操作，培养动手能力、创造力和耐心。在活动中，教师提供了丰富的编织材料，激发了幼儿参与活动的兴趣，并详细讲解每种工具的使用方法和功能，在此基础上，教师示范编织围巾的基本步骤，请幼儿仔细观察。在幼儿实际操作中，教师鼓励他们尝试用不同的方式编织围巾。在活动过程中，教师注意到每个孩子的编织进度和方式有所不同，给予了个性化的指导，确保每个孩子都能掌握编织技巧，并鼓励幼儿分享感受和体会，展示作品，互相学习和交流编织技巧，发挥同伴间的互相学习和互相帮助的作用。在编织过程中，幼儿会遇到各种问题，如线团打结、宽窄不齐等，通过求助同伴、反复观察、逐步调整等，逐渐提高发现问题并解决问题的能力。当自己编织完一条围巾时，幼儿会感到非常自豪，内心充满获得感、胜任感。这种成功的体验有助于增强他们的自信心，激发他们继续探索和学习新技能的热情。

指导建议

编织围巾是一种生活艺术，通过不同的编织方法，选择颜色和材质各异的线，按照一定的顺序，反复进行同样的编织动作。这个过程可能会有些枯燥，但通过持续不断的练习，幼儿逐渐掌握使用工具的技巧，并与材料有效互动，同时促进其精细动作的发展。此外，教师的积极反馈与肯定也有助于培养幼儿的积极心态和乐观情绪。在今后的活动中，还可以尝试不同材质的编织工具，激发幼儿更大的兴趣和好奇心，促进幼儿的探索和发展。

十八 冬奥会我知道 语言活动

活动目标

进一步了解与2022年北京冬奥会相关的知识和运动项目，提高对冰雪运动的兴趣。

知道冬奥会开幕式用二十四节气作为倒计时，激发民族自豪感和自信心。

经验准备：幼儿了解过冬奥会的相关知识，观看开幕式及运动项目等相关视频。

物质准备：课件、冬奥会相关视频。

活动过程

【开始部分】

观看冬奥会开幕式倒计时视频。

【师】小朋友们，在视频中你们发现了什么？（播放冬奥会视频以后让孩子回答）

【幼1】我看到了节气的名称，还有数字。

【幼2】数字是从大到小排列的，从24开始倒数。

【幼 3】我还看到了许多运动项目，有的小朋友在练习的时候流了很多汗。

※ 小结 ※　在中国农历二十四节气中，立春居首，北京冬奥会开幕，恰逢立春。冬奥会开幕式用二十四节气作为倒计时，立春有非常好的文化寓意，象征着万物复苏和生命的开始，寓意体育比赛所追求的拼搏、奋斗、向上的精神。使用二十四节气作为倒计时，可以向全世界展示中国的优秀传统文化。

〔中间部分〕

1. 幼儿再次观看冬奥会倒计时视频，进行记录。

【师】我们再看一遍视频，把你看到的节气和数字在记录单上标注出来。

2. 幼儿边看边记录视频中的运动项目。

3. 幼儿分组梳理冬奥会的相关知识和运动项目。（时间、地点、吉祥物、口号、运动项目）

【幼 1】开幕式是星期五那天举行的，运动员们都在北京和张家口比赛。

【幼 2】2022 年北京冬奥会的吉祥物是冰墩墩，冬季残疾人奥林匹克运动会（冬残奥会）的吉祥物是雪容融。

【幼 3】运动项目都是和冰、雪有关的，有冰球和滑冰，还有滑雪，我喜欢花样滑冰，因为我在学滑冰。

※ 小结 ※　北京 2022 年冬奥会会徽像汉字“冬”，所以会徽名字叫“冬梦”；“冰墩墩”像一只穿着航天服的熊猫（形象来源于国宝大熊猫），“雪容融”是冬残奥会吉祥物（形象来源于中国灯笼）。从 2008 年北京奥运会到 2022 年北京冬奥会，北京成为全球首个“双奥之城”。北京冬奥会共设 7 个大项目、15 个分项目和 109 个小项目，是历届冬奥会设项和产生金牌最多的一届。

〔结束部分〕

【师】今天小朋友们了解了这么多冬奥会的知识，我们可以想一想在幼儿园可以玩哪些跟冬奥会有关的游戏。

活动反思

本次活动中，幼儿通过观看冬奥会开幕式，了解了冬奥会开幕式用二十四节气作为倒计时，表现出了高度的参与度和探索欲望，不仅了解了冬奥会的起源、比赛项目和运动员故事，还在模拟运动游戏中亲身体验了冰雪运动的乐趣。教师首先带领幼儿了解了冬奥会的标志、吉祥物等；之后组织他们用自己喜欢的方式展示冬奥会印象，他们有的拿起画笔，有的拿起彩泥，发挥自己的想象力，绘制了冰墩墩、雪容融等冬奥会题材画作，动手设计起自己心目中的冬奥会场景。后来，教师跟进引导，向孩子们介绍了苏翊鸣、武大靖、王濛等我国优秀的冬奥会健儿，他们最喜欢听的还是天才少女谷爱凌的故事。当听说谷爱凌有时为了达到训练目标，一连要坚持好几小时只为完成一个动作时，便投去敬佩的目光；而听到她接受采访时说“全身心地投入一件事情才能做好”时，更是纷纷表示要向不畏艰难、奋力拼搏的运动员们学习。在活动过程中，教师也发现几个值得反思的地方。一是活动内容可以更加丰富，可加入更多的互动环节，让孩子们更深入地参与到冬奥会的探索中。二是对于一些比较难以理解的概念和运动技巧，应更加细致地讲解和演示。三是家园共育方面还有待加强，可以邀请家长共同参与活动，提高家园共育的效果，和幼儿共同体验冰雪运动的乐趣。

▲ 主题墙一角

指导建议

随着2022年北京冬奥会的成功举办，全国上下掀起了冰雪运动的热潮。许多家长和教育工作者开始注重在幼儿阶段进行相关知识的普及。了解冬奥会常识和冰雪运动对幼儿的发展具有深远的影响，可激发他们对体育运动的兴趣，还能够拓宽他们的视野，更重要的是培养了其团队合作精神和尊重他人的品格。在这个过程中，教师通过组织观看冬奥会的比赛实况，引导幼儿了解冰雪运动项目的规则、技巧和战术，介绍冬奥会的历史和文化背景，使幼儿感受到冰雪运动的魅力和精神内涵。建议教师开展一些具体的教育活动，例如，利用中国传统的剪纸、绘画等形式来表现冰雪运动项目，让孩子们在了解传统文化的同时，也感受到自己身为中国人的骄傲和自豪。家长和教师还可以与幼儿一起参加冰雪运动、参观冬奥会场馆，亲身体验冰雪运动的乐趣。这一系列活动，使每个孩子都受益匪浅，不仅拓宽了他们的视野，还增强了他们的身体素质和心理素质。我们应该更加注重在幼儿阶段进行相关知识和文化的普及，为他们未来的全面发展打下坚实的基础。

十九 解码冬奥会火炬 社会活动

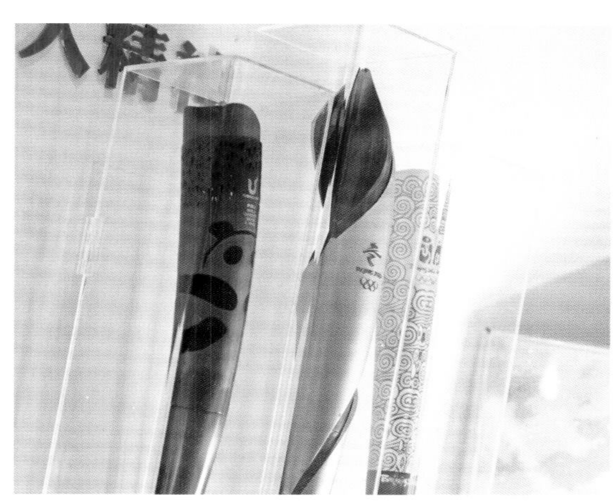

活动目标

积极参与参观航小科航天科普馆的活动，了解冬奥会火炬的外观、设计理念和背后的意义，增长知识。

通过参观，幼儿观察火炬、发现问题并尝试提出自己的疑问和想法。

激发对国家举办冬奥会的自豪感和爱国情怀。

活动准备

经验准备：北京冬奥会火炬相关知识。

活动过程

【开始部分】

幼儿进入航小科航天科普馆，观看冬奥会火炬实物，描述其外形特征。

【幼 1】这个火炬是由红色和银色材质组成的。

【幼 2】我觉得火炬看起来像一个巨型的冰激凌。

【幼 3】火炬像扭起来的丝带。

【中间部分】

1. 讲解员进行冬奥会火炬主题讲解。

2. 教师提问，回顾冬奥会火炬相关知识。

【师】我给大家分享一下北京冬奥会的火炬的名字和它用到了什么技术吧。

※ 小结 ※　北京冬奥会的火炬叫“飞扬”，用到了水下点火技术，水下点火技术是航天高科技——航天发动机技术。

3. 幼儿与讲解员进行互动交流。

讲解员对幼儿提出的问题进行解答。（火炬为什么能够在水下点燃？）

【讲解员】北京冬奥会火炬研发团队是中国航天科工集团第三研究院三十一所。让火在水下实现燃烧最重要的因素，就是“防水”和“补氧”。“防水”是指保护点火源，也就是给火创造“无水环境”。火炬燃烧器还自带助燃剂，为奥林匹克圣火燃烧补充足够的氧气。火炬燃料叫丙烷。北京冬奥会实现了奥林匹克运动会（奥运会）史上第一次机器人水下点火，北京冬奥会火炬是第一支无烟火炬。

【结束部分】

【师】如果请你制作火炬，你会怎样制作呢？下次活动我们一起来制作火炬吧。

活动反思

为了让幼儿更好地了解冬奥会的历史、文化及火炬的意义，我们开展了此次大班“冬奥会火炬”活动，引导幼儿了解北京冬奥会火炬的设计。活动充分利用园内资源，带领幼儿参观园内的航小科航天科普馆，通过现场讲解和多媒体互动等方式，幼儿更加直观地了解了北京冬奥会火炬。幼儿对火炬能在水下燃烧的内容很感兴趣，参观过程中听得很认真。本次活动不仅丰富了幼儿关于北京冬奥会火炬的知识，还让他们体会到了奥林匹克精神和爱国情怀。

指导建议

本次活动，教师能够充分利用航小科航天科普馆资源，组织幼儿参观，聆听讲解员的讲解，引导幼儿从外观和构造上认识北京冬奥会火炬，了解火炬的燃料和水下点火技术，领略航天技术的魅力，进一步激发幼儿的好奇心，感受祖国的强大，培养他们的爱国情感和自豪感，为他们的未来发展打下坚实的基础。

巧手制火炬，传递冬奥情

美术活动

活动目标

能够根据自己擅长的技能与同伴分工合作完成火炬的设计，遇到困难能够一起克服。

感受不同纸张的特性，自主选择并根据它们的质地大胆添加、组合进行创作。

乐意与同伴分享火炬制作经验，体验创作的乐趣。

活动准备

经验准备：知道火炬的外形特征。

物质准备：火炬图片、牛皮纸、雪梨纸、剪刀、双面胶等火炬制作材料，幼儿自带火炬装置材料。

活动过程

【开始部分】

谈话导入，激发幼儿制作火炬的兴趣。

【师】小朋友们，上一次活动我们参观了航小科航天科普馆里的冬奥会火炬。今天我们一起来制作一个属于小朋友自己的火炬。

【师】小朋友们可以用自己喜欢的方式制作火炬，也可以参考老师提供的步骤图。

【中间部分】

1. 教师出示火炬制作材料。

【师】小朋友们知道这些材料分别可以制作火炬的哪部分吗？

【幼 1】雪梨纸可以用来制作火炬的火焰。

【幼 2】硬硬的牛皮纸可以卷成火炬棒。

【幼 3】我们可以剪出椭圆的白色纸片，在纸片上画出火炬标识，贴在火炬上。

2. 幼儿分组，分工完成火炬制作。

3. 小组代表分享火炬作品。

【幼 1】这是我们组制作的火炬，我们用牛皮纸做了火炬的身体，剪了冬奥会的标志并贴在火炬上边，我们用红色和黄色做了火焰。

【幼 2】我们组在制作的时候进行了分工，两个人做火炬的身体，两个人做火苗。我们用了雪梨纸和牛皮纸，最后还做了装饰。

【幼 3】我们组用红色的卡纸做了火炬的身体，因为火炬是红色的，用黄色和红色做火苗，还用灰色的纸条做了装饰。

〔结束部分〕

【师】今天小朋友们制作了各式各样的火炬，每一支火炬都非常有特点，接下来我们可以在户外游戏的时候玩火炬传递的游戏。

活动反思

幼儿从上一次的活动中认识了火炬，产生了设计火炬的强烈愿望。活动前，幼儿做了充分的前期准备，活动重点是设计什么样的火炬，需要哪些材料等。活动中，幼儿自主创作，根据自己的意愿选择喜欢的材料进行创作。制作过程中，幼儿选择了不同材质的纸，由于纸的软硬程度不一样，幼儿制作出的火炬形状也不一样，如用雪梨纸做火焰，有的幼儿选择单色的纸，有的幼儿选择多种颜色的纸，让火炬的火焰看上去更有层次。火炬的主体部分采用牛皮纸，幼儿在选择材料和制作过程中充分感知到牛皮纸更硬，因此用它制作的火炬更加牢固。幼儿制作火炬之后还将自己提前准备好的装饰材料融入其中，有的幼儿带来了电子小灯模拟燃烧的火焰，有的幼儿带来了充气膜模仿冬奥会水下火炬与空气隔绝的防水装置。本次活动幼儿创意无限，在制作火炬的过程中锻炼了幼儿的动手能力，同时也巩固了奥运会火炬的相关知识。

指导建议

制作火炬的活动使幼儿能够根据自己擅长的技能与同伴进行合理且高效的分工合作，共同完成具有挑战性的火炬设计任务。他们在面对困难时展现出了不屈不挠的精神，共同克服难题，体现了合作的力量和智慧。幼儿通过感受不同纸张的质地、纹理和特性，进一步激发探索欲望，他们大胆地运用这些纸张尝试创作，利用纸张独特的质地进行创新组合，使得每一件“火炬”作品都充满了独特性。在自主选择和创作的实践过程中，幼儿的动手能力得到不断提高。教师鼓励幼儿根据自己的兴趣和想法进行创作，使他们逐渐养成独立思考和自主探索的习惯，充分体现了对个体差异的尊重、对自主性培养的重视。

廿一 设计未来冬奥会奖牌 美术活动

活动目标

了解冬奥会的基本知识，激发其对冬季运动的兴趣。

通过设计奖牌，培养创意动手能力。

理解冬季运动中勇气、毅力和团队合作的精神。

活动准备

物质准备：彩色卡纸、彩泥、木牌、水彩笔、剪刀等，以及与冬奥会相关的图片和视频资料。

活动过程

〔开始部分〕

播放冬奥会颁奖视频，引出活动主题。

【师】小朋友们，你们知道奖牌的等级和对应的名次吗？

〔中间部分〕

1. 教师出示奖牌，引导幼儿观察奖牌特征。

【师】大家看一看老师带来的奖牌，它们有哪些相同和不同的地方？

【幼 1】它们都是圆的，但是颜色不一样。

【幼 2】金牌是第一名，银牌是第二名，铜牌是第三名。

【幼 3】谁获得了第一名就能放其国家的国歌，国旗和领奖台都是最高的。

【师】今天老师给大家带来了一种特殊设计的奖牌，为了纪念奥运会举办 50 周年，2008 年北京奥运会颁发了一种特殊的“金镶玉”奖牌。

※ 小结 ※ 形状和材质：奖牌大多为圆形，但也有其他不规则形状。奖牌材质方面，常见的有金、银、铜等金属，以及玉、水晶等宝石。

图案和文字：奖牌上通常会有各种图案和文字，以表明奖牌的级别、种类和颁发机构等信息。如奥运会奖牌上会有五环标志和奥运会会徽。

2. 幼儿观察冬奥会奖牌，自主选择材料进行设计创作，设计未来冬奥会奖牌。

3. 幼儿展示作品，分享设计理念。

〔结束部分〕

幼儿投票选出心仪的奖牌，并在竞赛活动中颁发。

活动反思

本次活动的目的是通过设计奖牌，培养幼儿的想象力和手工制作能力，同时让他们理解奖牌的意义和价值。在活动开始前，教师以提问的方式引导幼儿了解奖牌的意义，让他们明白奖牌代表荣誉和努力。接着，教师向幼儿展示不同类型的奖牌，引导他们观察并讨论其特点。在此基础上，教师鼓励幼儿发挥想象力，设计独特的奖牌。在创作过程中，教师为幼儿提供多种材料，引导他们通过画、剪切、拼贴等方式完成自己的作品。同时，教师也鼓励幼儿在创作过程中相互帮助和学习。在评价环节中，教师更加注重发挥幼儿的创造性，以增强他们的自信心和积极性。

▲ 主题墙一角

指导建议

本次活动中，幼儿用自己喜欢的方式亲手设计并制作未来冬奥会奖牌，拓展了幼儿思维，锻炼了动手能力。建议教师利用幼儿自己制作的火炬和奖牌等材料举行小型运动会，在冬奥会精神的带动下，积极锻炼身体，感受赛场气息。同时，也可以请家长参与，以便他们有更多的机会陪伴孩子成长，共同感受运动会带来的快乐与激情。

活力火炬接力赛 健康活动

活动目标

锻炼腿部肌肉力量，增强竞技意识。

能够与同伴相互配合、互相协作完成火炬传递任务。

积极主动参加游戏活动，在活动中不怕困难，敢于挑战。

活动准备

经验准备：有接力跑的经验。

物质准备：幼儿自制火炬、《希望之火》音乐、路障等。

活动过程

〔开始部分〕

教师带领幼儿入场做热身运动。

〔中间部分〕

1. 幼儿分组探索火炬传递路线和火炬传递的方法。

第一组幼儿讨论。

【幼1】我们用跑步的方式来传递，第一个人跑过来然后给第二个人，面对面的接力。

【幼2】行，咱们在跑道上，然后跑到小滑梯这边。

【幼3】我们都沿着小白点跑，像升旗路线一样。

第二组幼儿讨论。

【幼1】我们组人比较多，要不绕着幼儿园的楼接力？再回到起点算一圈？

【幼 2】行，那咱们就一个人站在一个转角，然后接力。

【幼 3】那我们就试试吧。

第三组幼儿讨论。

【幼 1】他们都是跑步，咱们换一个方式吧。

【幼 2】我们幼儿园有这么多爬行垫、彩虹门，我们可以利用起来。

【幼 3】那我们就摆一些垫子和彩虹门、攀爬架，摆成赛道。

【幼 4】可以可以，我们来玩障碍接力赛，一定很有挑战性。

2. 幼儿选出最想体验的火炬接力游戏，进行比赛。

幼儿讨论火炬接力时的注意事项。

【幼 1】要听到老师发出信号才能开始跑，最快的一组获胜。

【幼 2】在传递火炬时一定要小心，不能让火炬掉下来，也不能推其他小朋友。

【幼 3】一定要等上一位小朋友来到自己面前并拿到火炬后才能起跑，这样才公平。

【幼 4】跑完要站到队伍的最后面，不要插队，每个人都要跑一次。

3. 体验不同的火炬传递游戏。（可适当增加游戏难度，教师根据幼儿情况投放路障、积木等）

〔结束部分〕

1. 教师给每队幼儿颁发奖牌。

2. 放松活动，随《希望之火》音乐节奏离场。

活动反思

延续前期关于冬奥会的内容，教师设计了火炬传递体育游戏，活动不仅锻炼了幼儿的身体素质，还培养了他们的团队合作精神和集体荣誉感。为了使本次活动更加丰富多彩，教师引导幼儿设计不同的火炬传递玩法，将游戏设计的主动权交给幼儿，充分发挥他们的自主性。在活动过程中，教师发现幼儿对自己设计的玩法非常感兴趣，他们都积极参与其中并体验到团队合作的快乐。然而，在游戏过程中也出现了一些问题，如部分孩子在接力传递中过于紧张，导致火炬掉落；在定向传递中，部分孩子不太清楚目标点的位置，导致传递效率不高。发现这些问题后，教师与幼儿共同讨论，一次次地改进游戏规则并强调注意事项。本次活动符合大班幼儿的年龄特点，旨在引导幼儿自主尝试和探索，鼓励幼儿勇于尝试，敢于挑战，获得了良好的游戏体验。

指导建议

幼儿积极主动参加游戏活动，不怕困难、敢于挑战是冬奥精神的具体体现。幼儿参与火炬传递活动，不仅仅是一项简单的体育游戏，蕴藏着深刻的教育价值。在活动中教师引导幼儿积极锻炼身体，敢于面对挑战，不断突破自我，增强竞技意识，与同伴协作完成火炬传递任务取得成功与胜利。火炬传递需要幼儿紧密地团结在一起，每个环节都需要他们相互配合，培养了他们的合作意识和团队精神，使他们更好地应对日常生活中的挑战，也能够帮助他们在未来的学习、工作中更有勇气去尝试、去创新。

主题活动反思

本次主题活动开展了三个月之久，活动前期幼儿带着疑问，通过搜集资料、阅读绘本开启了对冬季的探究，在了解中发现冬季里还藏着六只可爱的节气“精灵”：立冬、小雪、大雪、冬至、小寒、大寒。通过一系列活动，幼儿对节气有了更深入的了解。在活动中，幼儿学会了从生活中去观察、探索，逐渐发现人们的衣着、周围景色和天气的变化。在实践活动中，教师充分利用自然资源，引导幼儿感知冬天的基本特征和节气特点，尊重幼儿的想法和创造力，调动他们参与活动的积极性和主动性，幼儿在寻找答案的过程中提升了观察、发现、总结等能力，学习素养得到了全面提高，激发了热爱大自然的情感。在主题活动实施过程中，教师和幼儿对大自然、对生命有了更深的理解。

对教师而言，本次主题活动促进了自身教育教学能力的提升。教师阅读并整理了大量与冬季节气相关的资料，丰富了自身的理论知识。在教育实践的过程中，学会如何抓住教育契机，对幼儿进行有效的观察、分析与指导。在活动中随时关注幼儿的探索兴趣和探索方向，不断地调整活动方案，使活动更贴近幼儿的生活。

二十四节气作为中国传统文化的瑰宝之一，是我国古代智慧和观念体系的重要组成部分。每个节气都与自然和人类的生活息息相关，蕴含着丰富的教育意义。本次冬季节气主题活动的开展，为幼儿对其他节气的探究奠定了坚实的基础。

专家点评

此书是航天机关幼儿园申报的北京市教育学会“十四五”课题《幼儿园生活化课程——与二十四节气有效融合的探索与实践》的优秀研究成果，这一课程设计巧妙地将传统文化与幼儿一日生活紧密结合，充分展示了生活化课程的活力和魅力，课程设计的成功实践，为幼儿打开了一扇通往自然与传统文化的大门。

2022 年 2 月，教育部印发《幼儿园保育教育质量评估指南》，推动树立科学保育教育理念，促进学前教育高质量发展。将二十四节气融入幼儿园的生活化课程，是极富创新的教学尝试，课程设计将知识与生活紧密相连，引导幼儿在轻松愉快的氛围中学习成长。

教师以引导者的身份充分支持幼儿发现问题、解决问题，鼓励幼儿大胆表达自己的想法和感受。教师从关注“结果”转向关注幼儿学习的“过程”，努力为幼儿创设轻松愉悦的学习环境，提供多样的参与活动的机会，形成了高质量的师幼互动，帮助幼儿获得了受益终身的有价值的经验，真正成为了学习的主人。

幼儿在二十四节气探究活动中感受到了中华传统文化的魅力，拓宽视野、丰富常识，自主发展的需求使他们产生了一系列主动思考、探索、解决问题的积极行为。通过亲身经历和操作体验，幼儿深入了解了二十四节气的物候特征，积极参与丰富的节气习俗活动，真实感受到春的万物复苏、绿叶初绽，夏的热情奔放、蝉鸣不断，秋的硕果累累、稻谷飘香和冬的洁白静美、雪花纷飞。

非常期待此书能对幼儿园课程改革起到引领和借鉴作用，祝愿航天机关幼儿园在促进幼儿发展、提高教育质量等方面有更新更大的作为。

——北京市六一幼儿院 原院长 刘燕

专家点评

中华优秀传统文化是在数千年的悠长历史中积淀下来的，是中华民族的精神命脉和突出优势，是最深厚的文化软实力。2017 年，中共中央办公厅、国务院办公厅印发《关于实施中华优秀传统文化传承发展工程的意见》，首次以中央文件形式专题阐述中华优秀传统文化传承发展工作，强调要使中华优秀传统文化“贯穿国民教育始终”；党的二十大报告也指出“传承中华优秀传统文化”的要义和要求。

在传统文化中，二十四节气是我国古人在长期的生产实践中，逐步积累的关于天、地、人三者之间的相互关系的经验，其中蕴含着巨大的生命智慧。《3–6 岁儿童学习与发展指南》中指出：利用民间游戏、传统节日等，帮助幼儿感知文化的多样性和差异性，向幼儿介绍反映中国人聪明才智的发明和创造，激发幼儿的民族自豪感，这对幼儿实施传统文化教育具有非常重要的教育价值。

中国传统文化作为一种教育手段对提高全民素质起到重要的作用，幼儿教育传承中华优秀传统文化是落实“立德树人”根本任务的重要路径，是奠基“文化自信”的基础工程。基于以上对于幼儿传统文化教育价值的理解和认同，秉持对幼儿教育责任的思考和使命驱使，航天机关幼儿园的教师们，深入挖掘二十四节气的教育价值，立足“以航天精神滋养师幼心灵，以科学态度实施优质教育”的办园理念，坚持以幼儿为中心，将二十四节气渗透到幼儿一日生活中，科学地融合到幼儿的游戏活动中，为幼儿建立贴近生活的真实情境，最大限度地支持和引导幼儿通过直接感知、实际操作和亲身体验探密节气生活，感受优秀传统文化的智慧和力量，将使幼儿从小在内心萌发文化自信和民族自豪的种子，并伴随他们茁壮成长！

——国家机关事务管理局花园村幼儿园 园长 赵湘霞

专家点评

从环境创设来看，伴随主题活动的开展，教师在班级中为幼儿创设具有仪式感、参与性、互动性和体验性的活动环境，将活动脉络、幼儿的活动轨迹和活动内容呈现在主题墙上，激发幼儿将不断习得的新的内部经验展现在环境中。教师不是为了环创而环创，而是反思如何让环境真正发挥作用，真正让幼儿成为环境的参与者、建设者。

从活动目标来看，教师预设了合理的教学目标，善于把握节气教育的核心意义，从气候特征、物候特征、农耕经验、习俗、养生、语言文学等方面进行价值和目标分析，有利于幼儿感受自然与气候的变化，理解节气与气候的关系；同时引导幼儿运用多种感官感受生活中的美，体现了人与自然的关系，促进幼儿动手劳动，形成科学探究意识。

从活动设计来看，教师深度挖掘节气教育的核心内容，并筛选出互动性强、趣味性高，利于幼儿身心健康发展的活动，教师还善于发现和挖掘可供民俗传统节气教育的家庭和社区资源，加深了亲子之间的情感交流，形成了幼儿园、家庭、社区教育合力。通过活动的不断深入，引导幼儿逐步感受、探究传统文化，了解中华民族的个性与精神，萌发民族意识与情感，从而加深对祖国文化的情感认同与理解。

从幼儿发展来看，教师在儿童视角下开展了一系列讨论交流、设问、猜想、调查收集等支持性教育活动，努力见幼儿所见，知幼儿所思，感幼儿所感，这种生成式探究性节气主题活动的实践更具有价值，真正把幼儿的学习习惯、学习能力、学习品质的培养作为教育的核心，让幼儿在真实有趣的生活中获得发展。

——北京五色土幼儿园 园长 田玉玲

专家点评

二十四节气是中国传统智慧结晶下的季节密码，蕴含着浓厚的东方美学与诗意情怀。在幼儿园阶段开展二十四节气教育能够使幼儿了解、感知和体验与节气相关的天文、气象、物候、农业、民俗、艺术等诸多领域内容，从而传承和弘扬中华优秀传统文化，建立文化自信与民族认同感，树立人与自然和谐共生的理念，促进认知、情感、社会性、科学素养等方面的全面发展。

《斗转星移：二十四节气传统文化的魅力》中的主题活动围绕春、夏、秋、冬中的节气开展，结合大班幼儿的年龄发展特点设计了丰富的区域活动、教育活动和实践活动，引导幼儿将生活经验与二十四节气紧密结合，增进了大班幼儿对中国传统文化的理解和体验。同时主题活动全面覆盖五大领域，并将入学准备教育内容渗透其中，综合培养了幼儿观察、记录、表达、合作等多方面能力，为大班幼儿顺利进入小学奠定了良好的基础。

环境是幼儿园的隐性课程。在环境创设方面，主题活动为幼儿创设了贴近生活且富有节气特色的主题环境，充分体现了寓教于乐的原则，主题墙的设计更是富有美感。语言区、科学区、美工区、表演区等活动区的材料投放，使幼儿置身于多元化、实践性强的学习环境，幼儿在与环境、材料的互动中潜移默化地理解节气习俗和物候现象，体验节气的魅力。

活动目标与过程设计是幼儿园实现课程价值的关键路径。主题活动以《幼儿园教育指导纲要（试行）》和《3-6岁儿童学习与发展指南》为准则，活动目标设置明确，能够关注幼儿发展的连续性与整体性，教育过程充分落实《幼儿园保育教育质量评估指南》要求，教师在活动中充分尊重幼儿的主体性，通过自主探索、动手操作、合作分享等环节设计，使幼儿感受传统文化与自然美学，进一步拓宽大班幼儿知识、技能的储备。

幼儿发展是幼儿园教育的核心追求。主题活动体现了航天机关幼儿园对幼儿全面发展的重视。幼儿参与二十四节气活动，不仅增长了节气知识，更在实际操作中锻炼了计划、观察、理解、语言表达、解决问题、科学思维、社会交往、逻辑推理、创新等能力，增强了团队协作意识和环保意识，进一步提升了科学探究能力和审美情趣。

教师指导策略是幼儿园教育的有效保障。航天机关幼儿园的教师们以亲切、针对性强的语言，在活动中进行了适时引导和反馈，确保幼儿在享受活动乐趣的同时，能够实现深度学习和成长。教师在活动中作为参与者和支持者，灵活运用各种教育资源，引导幼儿在探究和体验中发现、思考与创造，从而实现对二十四节气的传承与发扬。教师还积极倡导家园共育，构建一体化的教育环境，鼓励家长参与到幼儿的节气学习和体验中，共同助力幼儿发展。

在航天机关幼儿园，二十四节气教育既是生动有趣的自然科学教育手段，也是有效的跨学科整合教育资源，对于全面提升幼儿综合素质具有深远的教育意义。该书正是对这一要义的生动呈现。

——北京市海淀区教育科学研究院 白鸽